# 景观工程常用数据简明手册

主　编：张舟　宋超
副主编：唐颖　田鹏　于靖

中国建筑工业出版社

**图书在版编目（CIP）数据**

景观工程常用数据简明手册/张舟，宋超主编. —北京：中国建筑工业出版社，2012.6
ISBN 978-7-112-14262-0

Ⅰ.①景… Ⅱ.①张…②宋… Ⅲ.①园林-建筑工程-使用数据-手册 Ⅳ.①TU986.3-62

中国版本图书馆 CIP 数据核字（2012）第 084727 号

责任编辑：郑淮兵
责任设计：赵明霞
责任校对：党 蕾 陈晶晶

**景观工程常用数据简明手册**
主 编：张舟 宋超
副主编：唐颖 田鹏 于靖
*
中国建筑工业出版社出版、发行（北京西郊百万庄）
各地新华书店、建筑书店经销
霸州市顺浩图文科技发展有限公司制版
北京云浩印刷有限责任公司印刷
*
开本：787×960 毫米 1/32 印张：7¼ 字数：130 千字
2012 年 8 月第一版 2012 年 8 月第一次印刷
定价：**20.00** 元
ISBN 978-7-112-14262-0
（22319）

# 前　　言

为园林事业工作奋斗了三十多年的我，常常在工作中为查找一些数据而必须准备很多必要的书籍，而且是单位准备一些，家里也要准备一些，就是这样也会时常因为准备的资料不全而查询不到必要的资料和数据，时常为此产生烦恼。

为减少这样不必要的烦恼，我主编了这本景观工程常用数据简明手册，它是在现行国家规范和规则的基础上编写的，涵盖了整个园林建设工程的相关内容，不仅适用于建设单位、监理单位、施工单位，也适用于广大的在校学生和从事园林工作的工作者。可谓一册在手，数据全有（包含了相关的设计、预算、施工等相关的资料）。希望您备有此册以解决日常查询资料的问题。

# 目　录

# 第一篇　设　计　篇

**1. 居住区规划设计资料**（注：该资料是按照《城市居住区规划设计规范》GB 50180—93（2002 年版）编制的）

（1）居住区分级控制规模

**居住区分级控制规模**

| | 居住区 | 小区 | 组团 |
|---|---|---|---|
| 户数(户) | 10000～16000 | 3000～5000 | 300～1000 |
| 人口(人) | 30000～50000 | 10000～15000 | 1000～3000 |

（2）居住区用地平衡控制指标

**居住区用地平衡控制指标(%)**

| 用地构成 | 居住区 | 小区 | 组团 |
|---|---|---|---|
| 住宅用地(R01) | 50～60 | 55～65 | 70～80 |
| 公建用地(R02) | 15～25 | 12～22 | 6～12 |
| 道路用地(R03) | 10～18 | 9～17 | 7～15 |
| 公共绿地(R04) | 7.5～18 | 5～15 | 3～6 |
| 居住区用地(R) | 100 | 100 | 100 |

（3）人均居住区用地控制指标

| 人均居住区用地控制指标($m^2$/人) | | | | |
|---|---|---|---|---|
| 居住规模 | 层数 | 建筑气候区划 | | |
| | | Ⅰ、Ⅱ、Ⅵ、Ⅶ | Ⅲ、Ⅴ | Ⅳ |
| 居住区 | 低层 | 33～47 | 30～43 | 28～40 |
| | 多层 | 20～28 | 19～27 | 18～25 |
| | 多层、高层 | 17～26 | 17～26 | 17～26 |
| 小区 | 低层 | 30～43 | 28～40 | 26～37 |
| | 多层 | 20～28 | 19～26 | 18～25 |
| | 中高层 | 17～24 | 15～22 | 14～20 |
| | 高层 | 10～15 | 10～15 | 10～15 |
| 组团 | 低层 | 25～35 | 23～32 | 21～30 |
| | 多层 | 16～23 | 15～22 | 14～20 |
| | 中高层 | 14～20 | 13～18 | 12～16 |
| | 高层 | 8～11 | 8～11 | 8～11 |

注：本表各项指标按每户3.2人计算。

(4) 住宅建筑日照标准

| 住宅建筑日照标准 | | | | | |
|---|---|---|---|---|---|
| 建筑气候区划 | Ⅰ、Ⅱ、Ⅲ、Ⅶ气候区 | | Ⅳ气候区 | | Ⅴ、Ⅵ气候区 |
| | 大城市 | 中小城市 | 大城市 | 中小城市 | |
| 日照标准日 | 大寒日 | | | 冬至日 | |
| 日照时数(h) | ≥2 | ≥3 | | ≥1 | |
| 有效日照时间带(h) | 8～16 | | | 9～15 | |
| 日照时间计算起点 | 底层窗台面 | | | | |

注：底层窗台面是指距离室内地坪0.9m高的外墙位置。

（5）住宅建筑净密度控制指标

**住宅建筑净密度控制指标(%)**

| 住宅层数 | 建筑气候区划 | | |
|---|---|---|---|
| | Ⅰ、Ⅱ、Ⅵ、Ⅶ | Ⅲ、Ⅴ | Ⅵ |
| 低层 | 35 | 40 | 43 |
| 多层 | 28 | 30 | 32 |
| 中高层 | 25 | 28 | 30 |
| 高层 | 20 | 20 | 22 |

注：混合层取两者的指标值作为控制指标的上、下限值。

（6）住宅建筑面积净密度控制指标

**住宅建筑面积净密度控制指标(万 $m^2/hm^2$)**

| 住宅层数 | 建筑气候区划 | | |
|---|---|---|---|
| | Ⅰ、Ⅱ、Ⅵ、Ⅶ | Ⅲ、Ⅴ | Ⅵ |
| 低层 | 1.10 | 1.20 | 1.30 |
| 多层 | 1.70 | 1.80 | 1.90 |
| 中高层 | 2.00 | 2.20 | 2.40 |
| 高层 | 3.50 | 3.50 | 3.50 |

注：1. 混合层取两者的指标值作为控制指标的上、下限值；
2. 本表不计入地下层面积。

（7）公共服务设施控制指标

公共服务设施控制指标($m^2$/千人)

| 类别 \ 居住规模 | | 居住区 | | 小区 | | 组团 | |
|---|---|---|---|---|---|---|---|
| | | 建筑面积 | 用地面积 | 建筑面积 | 用地面积 | 建筑面积 | 用地面积 |
| 总指标 | | 1668～3293<br>(2228～4213) | 2172～5559<br>(2762～6329) | 1668～2397<br>(1338～2977) | 1091～3835<br>(1491～4585) | 362～856<br>(703～1356) | 488～1058<br>(868～1578) |
| 其中 | 教育 | 600～1200 | 1000～2400 | 330～1200 | 700～2400 | 160～400 | 300～150 |
| | 医疗卫生(含医院) | 78～198<br>(178～398) | 138～378<br>(298～548) | 38～98 | 78～228 | 6～20 | 12～40 |
| | 文体 | 125～245 | 225～645 | 45～75 | 65～105 | 18～24 | 40～60 |
| | 商业服务 | 700～910 | 600～940 | 450～570 | 100～600 | 150～370 | 100～400 |
| | 社区服务 | 59～464 | 76～668 | 59～292 | 76～328 | 19～32 | 16～28 |
| | 金融邮电(含银行、邮电局) | 20～30<br>(60～80) | 25～50 | 16～22 | 22～34 | — | — |
| | 市政公用(含居民存车处) | 40～150<br>(460～820) | 70～360<br>(500～960) | 30～140<br>(400～720) | 50～140<br>(450～760) | 9～10<br>(350～510) | 20～30<br>(400～550) |
| | 行政管理及其他 | 46～96 | 37～72 | — | — | — | — |

注：1. 居住区级指标含小区和组团级指标，小区级含组团级指标；
2. 公共服务设施总用地的控制指标应符合相关规定；
3. 总指标未含其他类，使用时应根据规划设计要求确定本类面积指标；
4. 小区医疗卫生类未含门诊所；
5. 市政公用类未含锅炉房，在采暖地区应自选确定。

(8) 配建公共停车场(库)停车位控制指标

**配建公共停车场(库)停车位控制指标**

| 名称 | 单位 | 自行车 | 机动车 |
| --- | --- | --- | --- |
| 公共中心 | 车位/100$m^2$ 建筑面积 | ≥7.5 | ≥0.45 |
| 商业中心 | 车位/100$m^2$ 营业面积 | ≥7.5 | ≥0.45 |
| 集贸市场 | 车位/100$m^2$ 营业面积 | ≥7.5 | ≥0.30 |
| 饮 食 店 | 车位/100$m^2$ 营业面积 | ≥3.6 | ≥0.30 |
| 医院、门诊所 | 车位/100$m^2$ 建筑面积 | ≥1.5 | ≥0.30 |

注:1. 本表机动车停车车位以小型汽车为标准当量表示;
2. 其他各型车辆停车位的换算办法,应符合相关规范的有关规定。

(9) 各级中心绿地设置规定

**各级中心绿地设置规定**

| 中心绿地名称 | 设置内容 | 要求 | 最小规模($hm^2$) |
| --- | --- | --- | --- |
| 居住区公园 | 花木草坪、花坛水面、凉亭雕塑、小卖茶座、老幼设施、停车场地和铺装地面等 | 园内布局应有明确的功能划分 | 1.00 |
| 小游园 | 花木草坪、花坛水面、雕塑、儿童设施和铺装地面等 | 园内布局应有一定的功能划分 | 0.40 |
| 组团绿地 | 花木草坪、桌椅、简易儿童设施等 | 灵活布局 | 0.04 |

(10) 院落式组团绿地设置规定

**院落式组团绿地设置规定**

| 封闭型绿地 | | 开敞型绿地 | |
|---|---|---|---|
| 南侧多层楼 | 南侧高层楼 | 南侧多层楼 | 南侧高层楼 |
| $L \geqslant 1.5L_2$<br>$L \geqslant 30m$ | $L \geqslant 1.5L_2$<br>$L \geqslant 50m$ | $L \geqslant 1.5L_2$<br>$L \geqslant 30m$ | $L \geqslant 1.5L_2$<br>$L \geqslant 50m$ |
| $S_1 \geqslant 800m^2$ | $S_1 \geqslant 1800m^2$ | $S_1 \geqslant 500m^2$ | $S_1 \geqslant 1200m^2$ |
| $S_2 \geqslant 1000m^2$ | $S_2 \geqslant 2000m^2$ | $S_2 \geqslant 600m^2$ | $S_2 \geqslant 1400m^2$ |

注：$L$—南北两楼正面间距（m）；

$L_2$—当地住宅的标准日照间距（m）；

$S_1$—北侧为多层楼的组团绿地面积（$m^2$）；

$S_2$—北侧为高层楼的组团绿地面积（$m^2$）。

（11）居住区内道路纵坡控制指标

**居住区内道路纵坡控制指标(%)**

| 道路类别 | 最小纵坡 | 最大纵坡 | 多雪严寒地区最大纵坡 |
|---|---|---|---|
| 机动车道 | ≥0.2 | ≤8.0　$L \leqslant 200m$ | ≤5.0　$L \leqslant 600m$ |
| 非机动车道 | ≥0.2 | ≤3.0　$L \leqslant 50m$ | ≤2.0　$L \leqslant 100m$ |
| 步行道 | ≥0.2 | ≤8.0 | ≤4.0 |

注：$L$ 为坡长（m）。

（12）道路边缘至建、构筑物最小距离

**道路边缘至建、构筑物最小距离(m)**

| 与建、构筑物关系＼道路级别 | | | 居住区道路 | 小区路 | 组团路及宅间小路 |
|---|---|---|---|---|---|
| 建筑物面向道路 | 无出入口 | 高层 | 5.0 | 3.0 | 2.0 |
| | | 多层 | 3.0 | 3.0 | 2.0 |
| | 有出入口 | | — | 5.0 | 2.5 |

续表

| 道路边缘至建、构筑物最小距离(m) | | | | |
|---|---|---|---|---|
| 与建、构筑物关系 \ 道路级别 | | 居住区道路 | 小区路 | 组团路及宅间小路 |
| 建筑物山墙面向道路 | 高层 | 4.0 | 2.0 | 1.5 |
| | 多层 | 2.0 | 2.0 | 1.5 |
| 围墙面向道路 | | 1.5 | 1.5 | 1.5 |

注：居住区道路的边缘指红线；小区路、组团路及宅间小路的边缘指路面边线。当小区路设有人行便道时，其道路边缘指便道边线。

（13）各种场地的适用坡度

| 各种场地的适用坡度(%) | |
|---|---|
| 场 地 名 称 | 适 用 坡 度 |
| 密实性地面和广场 | 0.3～3.0 |
| 广场兼停车场 | 0.2～0.5 |
| 儿童游戏场 | 0.3～2.5 |
| 运动场 | 0.2～0.5 |
| 杂用场地 | 0.3～2.9 |
| 绿地 | 0.5～1.0 |
| 湿陷性黄土地面 | 0.5～7.0 |

(14) 各种地下管线之间最小水平净距

**各种地下管线之间最小水平净距(m)**

| 管线名称 | | 给水管 | 排水管 | 燃气管 | | | 热力管 | 电力电缆 | 电信电缆 | 电信管道 |
|---|---|---|---|---|---|---|---|---|---|---|
| | | | | 低压 | 中压 | 高压 | | | | |
| 排水管 | | 1.5 | 1.5 | — | — | — | — | — | — | — |
| 燃气管 | 低压 | 0.5 | 1.0 | — | — | — | — | — | — | — |
| | 中压 | 1.0 | 1.5 | — | — | — | — | — | — | — |
| | 高压 | 1.5 | 2.0 | — | — | — | — | — | — | — |
| 热力管 | | 1.5 | 1.5 | 1.0 | 1.5 | 2.0 | — | — | — | — |
| 电力电缆 | | 0.5 | 0.5 | 0.5 | 1.0 | 1.5 | 2.0 | — | — | — |
| 电信电缆 | | 1.0 | 1.0 | 0.5 | 1.0 | 1.5 | 1.0 | 0.5 | — | — |
| 电信管道 | | 1.0 | 1.0 | 1.0 | 1.0 | 2.0 | 1.0 | 1.2 | 0.2 | — |

注：1. 表中给水管与排水管之间的净距适用于管径小于或等于200mm，当管径大于200mm时应大于或等于3.0m；

2. 大于或等于10kV的电力电缆与其他任何电力电缆之间应大于或等于0.25m，如加套管，净距可减至0.1m；小于10kV电力电缆之间应大于或等于0.1m；

3. 低压煤气管的压力为小于或等于0.005MPa，中压为0.005～0.3MPa，高压为0.3～0.8MPa。

(15) 各种地下管线之间最小垂直净距

**各种地下管线之间最小垂直净距(m)**

| 管线名称 | 给水管 | 排水管 | 燃气管 | 热力管 | 电力电缆 | 电信电缆 | 电信管道 |
|---|---|---|---|---|---|---|---|
| 给水管 | 0.15 | — | — | — | — | — | — |
| 排水管 | 0.40 | 0.15 | — | — | — | — | — |

续表

| 各种地下管线之间最小垂直净距(m) | | | | | | | |
|---|---|---|---|---|---|---|---|
| 管线名称 | 给水管 | 排水管 | 燃气管 | 热力管 | 电力电缆 | 电信电缆 | 电信管道 |
| 燃气管 | 0.15 | 0.15 | 0.15 | — | — | — | — |
| 热力管 | 0.15 | 0.15 | 0.15 | 0.15 | — | — | — |
| 电力电缆 | 0.15 | 0.50 | 0.50 | 0.50 | 0.50 | — | — |
| 电信电缆 | 0.20 | 0.50 | 0.50 | 0.15 | 0.50 | 0.25 | 0.25 |
| 电信管道 | 0.10 | 0.15 | 0.15 | 0.15 | 0.50 | 0.25 | 0.25 |
| 明沟沟底 | 0.50 | 0.50 | 0.50 | 0.50 | 0.50 | 0.50 | 0.50 |
| 涵洞基底 | 0.15 | 0.15 | 0.15 | 0.15 | 0.50 | 0.20 | 0.25 |
| 铁路轨底 | 1.00 | 1.20 | 1.00 | 1.20 | 1.00 | 1.00 | 1.00 |

（16）各种管线与建、构筑物之间的最小水平间距

<table>
<tr><th colspan="9">各种管线与建、构筑物之间的最小水平间距(m)</th></tr>
<tr><th colspan="2" rowspan="2">管线名称</th><th rowspan="2">建筑物基础</th><th colspan="3">地上杆柱(中心)</th><th rowspan="2">铁路(中心)</th><th rowspan="2">城市道路侧石边缘</th><th rowspan="2">公路边缘</th></tr>
<tr><th>通信、照明及<10kV</th><th>≤35kV</th><th>>35kV</th></tr>
<tr><td colspan="2">给水管</td><td>3.00</td><td>0.50</td><td colspan="2">3.00</td><td>5.00</td><td>1.50</td><td>1.00</td></tr>
<tr><td colspan="2">排水管</td><td>2.50</td><td>0.50</td><td colspan="2">1.50</td><td>5.00</td><td>1.50</td><td>1.00</td></tr>
<tr><td rowspan="3">燃气管</td><td>低压</td><td>1.50</td><td rowspan="3">1.00</td><td rowspan="3">1.00</td><td rowspan="3">5.00</td><td>3.75</td><td>1.50</td><td>1.00</td></tr>
<tr><td>中压</td><td>2.00</td><td>3.75</td><td>1.50</td><td>1.00</td></tr>
<tr><td>高压</td><td>4.00</td><td>5.00</td><td>2.50</td><td>1.00</td></tr>
</table>

续表

**各种管线与建、构筑物之间的最小水平间距(m)**

| 管线名称 | 建筑物基础 | 地上杆柱(中心) | | | 铁路(中心) | 城市道路侧石边缘 | 公路边缘 |
|---|---|---|---|---|---|---|---|
| | | 通信、照明及<10kV | ≤35kV | >35kV | | | |
| 热力管 | 直埋 2.5<br>地沟 0.5 | 1.00 | 2.00 | 3.00 | 3.75 | 1.50 | 1.00 |
| 电力电缆 | 0.60 | 0.60 | 0.60 | 0.60 | 3.75 | 1.50 | 1.00 |
| 电信电缆 | 0.60 | 0.50 | 0.60 | 0.60 | 3.75 | 1.50 | 1.00 |
| 电信管道 | 1.50 | 1.00 | 1.00 | 1.00 | 3.75 | 1.50 | 1.00 |

注：1. 表中给水管与城市道路侧石边缘的水平间距 1.00m 适用于管径小于或等于 200mm，当管径大于 200mm 时应大于或等于 1.50m；

2. 表中给水管与围墙或篱笆的水平间距 1.50m 是适用于管径小于或等于 200mm，当管径大于 200mm 时应大于或等于 2.50m；

3. 排水管与建筑物基础的水平间距，当埋深浅于建筑物基础时应大于或等于 2.50m；

4. 表中热力管与建筑物基础的最小水平间距对于管沟敷设的热力管道 0.50m，对于直埋闭式热力管道管径小于或等于 250mm 时为 2.50m，管径大于或等于 300mm 时为 3.00m，对于直埋开式热力管道为 5.00m。

(17) 管线、其他设施与绿化树种间的最小水平净距

**管线、其他设施与绿化树种间的最小水平净距(m)**

| 管线名称 | 最小水平净距 | |
|---|---|---|
| | 至乔木中心 | 至灌木中心 |
| 给水管、闸井 | 1.50 | 1.50 |

续表

| 管线、其他设施与绿化树种间的最小水平净距(m) | | |
|---|---|---|
| 管线名称 | 最小水平净距 | |
| | 至乔木中心 | 至灌木中心 |
| 污水管、雨水管、探井 | 1.50 | 1.50 |
| 燃气管、探井 | 1.20 | 1.20 |
| 电力电缆、电信电缆 | 1.00 | 1.00 |
| 电信管道 | 1.50 | 1.00 |
| 热力管 | 1.50 | 1.50 |
| 地上杆柱(中心) | 2.00 | 2.00 |
| 消防龙头 | 1.50 | 1.20 |
| 道路侧石边缘 | 0.50 | 0.50 |

（18）综合技术经济指标系列一览表

| 综合技术经济指标系列一览表 | | | | |
|---|---|---|---|---|
| 项目 | 计量单位 | 数值 | 所占比重（%） | 人均面积（$m^2$/人） |
| 居住区规划总用地 | $hm^2$ | ▲ | — | — |
| 1. 居住区用地(R) | $hm^2$ | ▲ | 100 | ▲ |
| ①住宅用地(R01) | $hm^2$ | ▲ | ▲ | ▲ |
| ②公建用地(R02) | $hm^2$ | ▲ | ▲ | ▲ |
| ③道路用地(R03) | $hm^2$ | ▲ | ▲ | ▲ |
| ④公共绿地(R04) | $hm^2$ | ▲ | ▲ | ▲ |
| 2. 其他用地 | $hm^2$ | ▲ | — | — |

续表

综合技术经济指标系列一览表

| 项目 | 计量单位 | 数值 | 所占比重（%） | 人均面积（$m^2$/人） |
|---|---|---|---|---|
| 居住户(套)数 | 户(套) | ▲ | — | — |
| 居住人数 | 人 | ▲ | — | — |
| 户均人口 | 人/户 | ▲ | — | — |
| 总建筑面积 | 万 $m^2$ | ▲ | — | — |
| 1. 居住区用地内建筑总面积 | 万 $m^2$ | ▲ | 100 | ▲ |
| ①住宅建筑面积 | 万 $m^2$ | ▲ | ▲ | ▲ |
| ②公建面积 | 万 $m^2$ | ▲ | ▲ | ▲ |
| 2. 其他建筑面积 | 万 $m^2$ | △ | — | — |
| 住宅平均层数 | 层 | ▲ | — | — |
| 高层住宅比例 | % | △ | — | — |
| 中高层住宅比例 | % | △ | — | — |
| 人口毛密度 | 人/$hm^2$ | ▲ | — | — |
| 人口净密度 | 人/$hm^2$ | △ | — | — |
| 住宅建筑套密度(毛) | 套/$hm^2$ | ▲ | — | — |
| 住宅建筑套密度(净) | 套/$hm^2$ | ▲ | — | — |
| 住宅建筑面积毛密度 | 万 $m^2$/$hm^2$ | ▲ | — | — |
| 住宅建筑面积净密度 | 万 $m^2$/$hm^2$ | ▲ | — | — |
| 居住区建筑面积(毛)密度(容积率) | 万 $m^2$/$hm^2$ | ▲ | — | — |
| 停车率 | % | ▲ | — | — |
| 停车位 | 辆 | ▲ | — | — |

续表

| 综合技术经济指标系列一览表 | | | | |
|---|---|---|---|---|
| 项 目 | 计量单位 | 数值 | 所占比重（%） | 人均面积（$m^2$/人） |
| 地面停车率 | % | ▲ | — | — |
| 地面停车位 | 辆 | ▲ | — | — |
| 住宅建筑净密度 | % | ▲ | — | — |
| 总建筑密度 | % | ▲ | — | — |
| 绿地率 | % | ▲ | — | — |
| 拆建比 | — | △ | — | — |

注：▲必要指标；△选用指标。

（19）各型车辆停车位换算系数表

| 各型车辆停车位换算系数表 | |
|---|---|
| 车 型 | 换算系数 |
| 微型客、货汽车，机动三轮车 | 0.7 |
| 卧车、2t 以下货运汽车 | 1.0 |
| 中型客车、面包车、2t～4t 货运汽车 | 2.0 |
| 铰接车 | 3.5 |

（20）居住用地平衡表

| | 项目 | 面积（$hm^2$） | 所占比例（%） | 人均面积（$m^2$/人） |
|---|---|---|---|---|
| 一、居住区用地（R） | | ▲ | 100 | ▲ |
| 1 | 住宅用地（R01） | ▲ | ▲ | ▲ |
| 2 | 公建用地（R02） | ▲ | ▲ | ▲ |
| 3 | 道路用地（R03） | ▲ | ▲ | ▲ |

续表

| 项目 | | 面积(hm²) | 所占比例(%) | 人均面积(m²/人) |
|---|---|---|---|---|
| 4 | 公共绿地(R04) | ▲ | ▲ | ▲ |
| 二、其他用地(E) | | △ | — | — |
| 居住区规划总用地 | | △ | — | — |

注："▲"为参与居住区用地平衡的项目。

(21) 公共服务设施项目分级配建表

公共服务设施项目分级配建表

| 类别 | 项目 | 居住区 | 小区 | 组团 |
|---|---|---|---|---|
| 教育 | 托儿所 | — | ▲ | △ |
| | 幼儿园 | — | ▲ | — |
| | 小学 | — | ▲ | — |
| | 中学 | ▲ | — | — |
| 医疗卫生 | 医院(200——300床) | ▲ | — | — |
| | 门诊所 | ▲ | — | — |
| | 卫生站 | — | ▲ | — |
| | 护理院 | △ | — | — |
| 文化体育 | 文化活动中心(含青少年、老年活动中心) | ▲ | — | — |
| | 文化活动站(含青少年、老年活动中心) | — | ▲ | — |
| | 居民运动场、馆 | △ | — | — |
| | 居民健身设施(含老年户外活动场地) | — | ▲ | △ |

续表

公共服务设施项目分级配建表

| 类别 | 项目 | 居住区 | 小区 | 组团 |
|---|---|---|---|---|
| 商业服务 | 综合食品店 | ▲ | ▲ | — |
| | 综合百货店 | ▲ | ▲ | — |
| | 餐饮 | ▲ | ▲ | — |
| | 中西药店 | ▲ | △ | — |
| | 书店 | ▲ | △ | — |
| | 市场 | ▲ | △ | — |
| | 便民店 | — | — | ▲ |
| | 其他第三产业设施 | ▲ | ▲ | — |
| 金融邮电 | 银行 | △ | — | — |
| | 储蓄所 | — | ▲ | — |
| | 电信支局 | △ | — | — |
| | 邮电所 | — | ▲ | — |
| 社区服务 | 社区服务中心(含老年人服务中心) | — | ▲ | — |
| | 养老院 | △ | — | — |
| | 托老所 | — | △ | — |
| | 残疾人托养所 | △ | — | — |
| | 治安联防站 | — | — | ▲ |
| | 居(里)委会(社区用房) | — | — | ▲ |
| | 物业管理 | — | ▲ | — |

续表

公共服务设施项目分级配建表

| 类别 | 项目 | 居住区 | 小区 | 组团 |
|---|---|---|---|---|
| 市政公用 | 供热站或热交换站 | △ | △ | △ |
| | 变电室 | — | ▲ | △ |
| | 开闭所 | ▲ | — | — |
| | 路灯配电室 | — | ▲ | — |
| | 燃气调压站 | △ | △ | — |
| | 高压水泵房 | — | — | △ |
| | 公共厕所 | ▲ | ▲ | △ |
| | 垃圾转运站 | △ | △ | — |
| | 垃圾收集点 | — | — | ▲ |
| | 居民存车处 | — | — | ▲ |
| | 居民停车场、库 | △ | △ | △ |
| | 公交始末站 | △ | △ | — |
| | 消防站 | △ | — | — |
| | 燃料供应站 | △ | △ | — |
| 行政管理及其他 | 街道办事处 | ▲ | — | — |
| | 市政管理机构(所) | ▲ | — | — |
| | 派出所 | ▲ | — | — |
| | 其他管理用房 | ▲ | △ | — |
| | 防空地下室 | △② | △② | △② |

注：① ▲为应配建的项目；△为宜设置的项目。

② 在国家确定的一、二类人防重点城市，应按人防有关规定配建防空地下室。

(22) 公共服务设施各项目的设置规定

<table>
<tr><th colspan="6">公共服务设施各项目的设置规定</th></tr>
<tr><th rowspan="2">类别</th><th rowspan="2">项目名称</th><th rowspan="2">服务内容</th><th rowspan="2">设施规定</th><th colspan="2">每处一般规则</th></tr>
<tr><th>建筑面积（$m^2$）</th><th>用地面积（$m^2$）</th></tr>
<tr><td rowspan="2">教育</td><td>(1)托儿所</td><td>保教小于3周岁儿童</td><td rowspan="2">(1)设于阳光充足，接近公共绿地，便于家长接送的地段<br>(2)托儿所每班按25座计；幼儿园每班按30座计<br>(3)服务半径不宜大于300m；层数不宜高于3层<br>(4)三班和三班以下的托、幼园所，可混合设置，也可附设于其他建筑，但应有独立院落和出入口，四班和四班以上的托、幼园所均应独立设置<br>(5)八班和八班以上的托、幼园所，其用地应分别按每座不小于$7m^2$或$9\ m^2$计<br>(6)托、幼建筑宜布置于可挡寒风的建筑物的背风面，但其生活用房应满足冬至日不小于2h的日照标准<br>(7)活动场地应有不少于1/2的活动面积在标准的建筑日照阴影线之外</td><td>—</td><td>4班≥1200<br>6班≥1400<br>8班≥1600</td></tr>
<tr><td>(2)幼儿园</td><td>保教学龄前儿童</td><td>—</td><td>4班≥1500<br>6班≥2000<br>8班≥2400</td></tr>
</table>

续表

公共服务设施各项目的设置规定

| 类别 | 项目名称 | 服务内容 | 设施规定 | 每处一般规则 | |
| --- | --- | --- | --- | --- | --- |
| | | | | 建筑面积（$m^2$） | 用地面积（$m^2$） |
| 教育 | (3)小学 | 6～12周岁儿童入学 | (1)学生上下学穿越城市道路时，应有相应的安全措施<br>(2)服务半径不宜大于500m<br>(3)教学楼应满足冬至日不小于2h的日照标准 | — | 12班≥6000<br>18班≥7000<br>24班≥8000 |
| 教育 | (4)中学 | 12～18周岁青少年入学 | (1)在拥有3所或3所以上中学的居住区内，应有一所设置400m环形跑道的运动场<br>(2)服务半径不宜大于1000m<br>(3)教学楼应满足冬至日不小于2h的日照标准 | — | 18班≥11000<br>24班≥12000<br>30班≥14000 |
| 医疗卫生 | (5)医院 | 含社区卫生服务中心 | (1)宜设于交通方便，环境较安静地段<br>(2) 10万人左右则应设一所300～400床医院<br>(3)病房楼应满足冬至日不小于2h的日照标准 | 12000～18000 | 15000～25000 |

续表

公共服务设施各项目的设置规定

| 类别 | 项目名称 | 服务内容 | 设施规定 | 每处一般规则 | |
|---|---|---|---|---|---|
| | | | | 建筑面积（$m^2$） | 用地面积（$m^2$） |
| 医疗卫生 | (6)门诊所 | 或社区卫生服务中心 | (1) 一般3万～5万人设一处，设医院的居住区不再设独立门诊<br>(2) 设于交通便捷，服务距离适中的地段 | 2000～3000 | 3000～5000 |
| | (7)卫生站 | 社区卫生服务站 | 1万～1.5万人设一处 | 300 | 500 |
| | (8)护理院 | 健康状况较差或恢复期老年人日常护理 | (1)最佳规模为100～150床位<br>(2)每床位建筑面积≥30$m^2$<br>(3)可与社区卫生服务中心合设 | 3000～4500 | — |
| 文化体育 | (9)文化活动中心 | 小型图书馆、科普知识宣传与教育；影视厅舞厅、游艺厅、球类、棋类活动室；科技活动、各类艺术训练班及青少年和老年人学习活动场地、用房等 | 宜结合或靠近同级中心绿地安排 | 4000～6000 | 8000～12000 |

续表

公共服务设施各项目的设置规定

| 类别 | 项目名称 | 服务内容 | 设施规定 | 每处一般规则 | |
| --- | --- | --- | --- | --- | --- |
| | | | | 建筑面积（$m^2$） | 用地面积（$m^2$） |
| 文化体育 | (10)文化活动站 | 书报阅览、书画、文娱、健身、音乐欣赏、茶座等主要供青少年和老年人活动 | (1)宜结合或靠近同级中心绿地安排<br>(2)独立性组团应设置本站 | 400～600 | 400～600 |
| | (11)居民运动场、馆 | 健身场地 | 宜设置60～100m直跑道和200m环形跑道及简单的运动设施 | — | 10000～15000 |
| | (12)居民健身设施 | 篮、排球及小型球类场地，儿童及老年人活动场地和其他简单运动设施等 | 宜结合绿地安排 | — | — |

续表

**公共服务设施各项目的设置规定**

| 类别 | 项目名称 | 服务内容 | 设施规定 | 每处一般规则 | |
|---|---|---|---|---|---|
| | | | | 建筑面积（$m^2$） | 用地面积（$m^2$） |
| 商业服务 | (13)综合食品店 | 粮油、副食、糕点、干鲜果品等 | (1)服务半径：居住区不宜大于500m；居住小区不宜大于300m<br>(2)地处山坡地的居住区，其商业服务设施的布点，除满足服务半径的要求外，还应考虑上坡空手，下坡负重的原则 | 居住区：1500～2500<br>小区：800～1500 | — |
| | (14)综合百货店 | 日用百货、鞋帽、服装、布匹、五金及家用电器等 | | 居住区：2000～3000<br>小区：400～600 | — |
| | (15)餐饮 | 主食、早点、快餐、正餐等 | | — | — |
| | (16)中西药店 | 汤药、中成药与西药 | | 200～500 | — |
| | (17)书店 | 书刊及音像制品 | | 300～1000 | — |

续表

公共服务设施各项目的设置规定

| 类别 | 项目名称 | 服务内容 | 设施规定 | 每处一般规则 | |
|---|---|---|---|---|---|
| | | | | 建筑面积（$m^2$） | 用地面积（$m^2$） |
| 商业服务 | (18)市场 | 以销售农副产品和小商品为主 | 设置方式应根据气候特点与当地传统的集市要求而定 | 居住区：1000～1200<br>小区：500～1000 | 居住区：1500～2000<br>小区：800～1500 |
| | (19)便民店 | 小百货、小日杂 | 宜设于组团的出入口附近 | — | — |
| | (20)其他第三产业设施 | 零售、洗染、美容美发、照相、影视文化、休闲娱乐、洗浴、旅店、综合修理以及辅助就业设施等 | 具体项目、规模不限 | — | — |

续表

公共服务设施各项目的设置规定

| 类别 | 项目名称 | 服务内容 | 设施规定 | 每处一般规则 | |
|---|---|---|---|---|---|
| | | | | 建筑面积($m^2$) | 用地面积($m^2$) |
| 金融邮电 | (21)银行 | 分理处 | 宜与商业服务中心结合或邻近设置 | 800～1000 | 400～500 |
| | (22)储蓄所 | 储蓄为主 | | 100～150 | — |
| | (23)电信支局 | 电话及相关业务等 | 根据专业规划需要设置 | 1000～2500 | 600～1500 |
| | (24)邮电所 | 邮电综合业务包括电报、电话、信函、包裹、兑汇和报刊零售等 | 宜与商业服务中心结合或邻近设置 | 100～150 | — |

续表

公共服务设施各项目的设置规定

| 类别 | 项目名称 | 服务内容 | 设施规定 | 每处一般规则 | |
|---|---|---|---|---|---|
| | | | | 建筑面积（$m^2$） | 用地面积（$m^2$） |
| 社区服务 | (25)社区服务中心 | 家政服务、就业指导、中介、咨询服务、代客定票、部分老年人服务设施等 | 每小区设置一处，居住区也可合并设置 | 200～300 | 300～500 |
| | (26)养老院 | 老年人全托式护理服务 | (1)一般规模为150～200床位<br>(2)每床位建筑面积≥400$m^2$ | — | — |
| | (27)托老所 | 老年人日托（餐饮、文娱、健身、医疗保健等） | (1)一般规模为30～50床位<br>(2)每床位建筑面积20$m^2$<br>(3)宜靠近集中绿地安排，可与老年活动中心合并设置 | — | — |
| | (28)残疾人托养所 | 残疾人全托式护理 | — | — | — |

续表

公共服务设施各项目的设置规定

| 类别 | 项目名称 | 服务内容 | 设施规定 | 每处一般规则 | |
|---|---|---|---|---|---|
| | | | | 建筑面积（$m^2$） | 用地面积（$m^2$） |
| 社区服务 | (29)治安联防站 | — | 可与居(里)委会合设 | 18～30 | 12～20 |
| | (30)居(里)委会(社区用房) | — | 300～1000户设一处 | 30～50 | — |
| | (31)物业管理 | 建筑与设备维修、保安、绿化、环卫管理等 | — | 300～500 | 300 |
| 市政公用 | (32)供热站或热交换站 | — | — | 根据采暖方式确定 | |
| | (33)变电室 | — | 每个变电室负荷半径不应大于250m；尽可能设于其他建筑内 | 30～50 | — |
| | (34)开闭所 | — | 1.2万～2.0万户设一所；独立设置 | 200～300 | ≥500 |

续表

公共服务设施各项目的设置规定

| 类别 | 项目名称 | 服务内容 | 设施规定 | 每处一般规则 | |
|---|---|---|---|---|---|
| | | | | 建筑面积（$m^2$） | 用地面积（$m^2$） |
| 市政公用 | (35)路灯配电室 | — | 可与变电室合设于其他建筑内 | 20～40 | — |
| | (36)煤气调压站 | — | 按每个中低调压站负荷半径 500m 设置；无管道燃气地区不设 | 50 | 100～120 |
| | (37)高压水泵房 | — | 一般为低水压区住宅加压供水附属工程 | 40～60 | — |
| | (38)公共厕所 | — | 每 1000～1500 户设一处；宜设于人流集中之处 | 30～60 | 60～100 |
| | (39)垃圾转运站 | — | 应采用封闭式设施，力求垃圾存放和转运不外露，当用地规模为 0.7～1$km^2$ 设一处，每处面积不应小于 100 $m^2$，与周围建筑物的间隔不应小于 5m | — | — |
| | (40)垃圾收集点 | — | 服务半径不应大于 70m，宜采用分类收集 | — | — |

续表

公共服务设施各项目的设置规定

| 类别 | 项目名称 | 服务内容 | 设施规定 | 每处一般规则 | |
|---|---|---|---|---|---|
| | | | | 建筑面积（$m^2$） | 用地面积（$m^2$） |
| 市政公用 | (41)居民存车处 | 存放自行车、摩托车 | 宜设于组团或靠近组团设置，可与居（里）委会合设于组团的入口处 | 1~2辆/户；地上0.8~1.2$m^2$/辆；地下1.5~1.8$m^2$/辆 | — |
| | (42)居民停车场、库 | 存放机动车 | 服务半径不宜大于150m | — | — |
| | (43)公交始末站 | — | 可根据具体情况设置 | — | — |
| | (44)消防站 | — | 可根据具体情况设置 | — | — |
| | (45)燃料供应站 | 煤或罐装燃气 | 可根据具体情况设置 | — | — |

续表

公共服务设施各项目的设置规定

| 类别 | 项目名称 | 服务内容 | 设施规定 | 每处一般规则 | |
|---|---|---|---|---|---|
| | | | | 建筑面积（$m^2$） | 用地面积（$m^2$） |
| 行政管理及其他 | (46)街道办事处 | — | 3万～5万人设一处 | 700～1200 | 300～500 |
| | (47)市政管理机构(所) | 供电、供水、雨污水、绿化、环卫等管理与维修 | 宜合并设置 | — | — |
| | (48)派出所 | 户籍治安管理 | 3万～5万人设一处；应有独立院落 | 700～1000 | 600 |
| | (49)其他管理用房 | 市场、工商税务、粮食管理等 | 3万～5万人设一处；可结合市场或街道办事处设置 | 100 | — |
| | (50)防空地下室 | 掩蔽体、救护站、指挥所等 | 在国家确定的一、二类人防重点城市中，凡高层建筑下设满堂人防，另以地面建筑面积2%配建。出入口宜设于交通方便的地段，考虑平战结合 | — | — |

## 2. 公园设计相关资料（此表参照《公园设计规范》CJJ 48—92）

（1）公园内部用地比例

公园内部用地比例(%)

| 陆地面积（$hm^2$） | 用地类型 | 公园类型 | | | | | | | | | | | | |
|---|---|---|---|---|---|---|---|---|---|---|---|---|---|---|
| | | 综合性公园 | 儿童公园 | 动物园 | 专类动物园 | 植物园 | 专类植物园 | 盆景园 | 风景名胜公园 | 其他专类公园 | 居住区公园 | 居住小区游园 | 带状公园 | 街旁游园 |
| <2 | Ⅰ | — | 15～25 | — | — | — | 15～25 | 15～25 | — | — | — | 10～20 | 15～30 | 15～30 |
| | Ⅱ | — | <1.0 | — | — | — | <1.0 | <1.0 | — | — | — | <0.5 | <0.5 | — |
| | Ⅲ | — | <4.0 | — | — | — | <7.0 | <8.0 | — | — | — | <2.5 | <2.5 | <1.0 |
| | Ⅳ | — | >65 | — | — | — | >65 | >65 | — | — | — | >75 | >65 | >65 |
| 2～<5 | Ⅰ | — | 10～20 | — | 10～20 | — | 10～20 | 10～20 | — | 10～20 | 10～20 | — | 15～30 | 15～30 |
| | Ⅱ | — | <1.0 | — | <2.0 | — | <1.0 | <1.0 | — | <1.0 | <0.5 | — | <0.5 | — |
| | Ⅲ | — | <4.0 | — | <12 | — | <7.0 | <8.0 | — | <5.0 | <2.5 | — | <2.0 | <1.0 |
| | Ⅳ | — | >65 | — | >65 | — | >70 | >65 | — | >70 | >75 | — | >65 | >65 |

续表

| 陆地面积(hm²) | 用地类型 | 公园内部用地比例(%) | | | | | | | | | | | |
|---|---|---|---|---|---|---|---|---|---|---|---|---|---|
| | | 公园类型 | | | | | | | | | | | |
| | | 综合性公园 | 儿童公园 | 动物园 | 专类动物园 | 植物园 | 专类植物园 | 盆景园 | 风景名胜公园 | 其他专类公园 | 居住区公园 | 居住小区游园 | 带状公园 | 街旁游园 |
| 5～<10 | Ⅰ | 8～18 | 8～18 | — | 8～18 | — | 8～18 | 8～18 | — | 8～18 | 8～18 | — | 10～25 | 10～25 |
| | Ⅱ | <1.5 | <2.0 | — | <1.0 | — | <1.0 | <2.0 | — | <1.0 | <0.5 | — | <0.5 | <0.2 |
| | Ⅲ | <5.5 | <4.5 | — | <14 | — | <5.0 | <8.0 | — | <4.0 | <2.0 | — | <1.5 | <1.3 |
| | Ⅳ | >70 | >65 | — | >65 | — | >70 | >70 | — | >75 | >75 | — | >70 | >70 |
| 10～<20 | Ⅰ | 5～15 | 5～15 | — | 5～15 | — | 5～15 | — | — | 5～15 | — | — | 10～25 | — |
| | Ⅱ | <1.5 | <2.0 | — | <1.0 | — | <1.0 | — | — | <0.5 | — | — | <0.5 | — |
| | Ⅲ | <4.5 | <4.5 | — | <14 | — | <4.0 | — | — | <3.5 | — | — | <1.5 | — |
| | Ⅳ | >75 | >70 | — | >65 | — | >75 | — | — | >80 | — | — | >70 | — |

续表

公园内部用地比例(%)

| 陆地面积(hm²) | 用地类型 | 公园类型 | | | | | | | | | | | | |
|---|---|---|---|---|---|---|---|---|---|---|---|---|---|---|
| | | 综合性公园 | 儿童公园 | 动物园 | 专类动物园 | 植物园 | 专类植物园 | 盆景园 | 风景名胜公园 | 其他专类公园 | 居住区公园 | 居住小区游园 | 带状公园 | 街旁游园 |
| 20～<50 | Ⅰ | 5～15 | — | 5～15 | — | 5～15 | — | — | — | 5～15 | — | — | 10～25 | — |
| | Ⅱ | <1.0 | — | <1.5 | — | <0.5 | — | — | — | <0.5 | — | — | <0.5 | — |
| | Ⅲ | <4.0 | — | <12.5 | — | <3.5 | — | — | — | <2.5 | — | — | <1.5 | — |
| | Ⅳ | >75 | — | >70 | — | >85 | — | — | — | >80 | — | — | >70 | — |
| ≥50 | Ⅰ | 5～10 | — | 5～10 | — | 3～8 | — | — | 3～8 | 5～10 | — | — | — | — |
| | Ⅱ | <1.0 | — | <1.5 | — | <0.5 | — | — | <0.5 | <0.5 | — | — | — | — |
| | Ⅲ | <3.0 | — | <11.5 | — | <2.5 | — | — | <2.5 | <1.5 | — | — | — | — |
| | Ⅳ | >80 | — | >75 | — | >85 | — | — | >85 | >85 | — | — | — | — |

注：Ⅰ—园路及铺装场地；Ⅱ—管理建筑；Ⅲ—游览、休憩、服务、公用建筑；Ⅳ—绿化园地。

（2）公园常规设施

**公园常规设施**

| 设施类型 | 设施项目 | 陆地设施（hm²） | | | | | |
|---|---|---|---|---|---|---|---|
| | | ＜2 | 2～＜5 | 5～＜10 | 10～＜20 | 20～＜50 | ≥50 |
| 游憩设施 | 亭或廊 | ○ | ○ | ● | ● | ● | ● |
| | 厅、榭、码头 | — | ○ | ○ | ○ | ○ | ○ |
| | 棚架 | ○ | ○ | ○ | ○ | ○ | ○ |
| | 园椅、园凳 | ● | ● | ● | ● | ● | ● |
| | 成人活动场 | ○ | ● | ● | ● | ● | ● |
| 服务设施 | 小卖店 | ○ | ○ | ● | ● | ● | ● |
| | 茶座、咖啡厅 | — | ○ | ○ | ○ | ● | ● |
| | 餐厅 | — | — | ○ | ○ | ● | ● |
| | 摄影部 | — | — | ○ | ○ | ○ | ○ |
| | 售票房 | ○ | ○ | ○ | ○ | ● | ● |
| 公用设施 | 厕所 | ○ | ● | ● | ● | ● | ● |
| | 园灯 | ○ | ● | ● | ● | ● | ● |
| | 公用电话 | — | ○ | ○ | ● | ● | ● |
| | 果皮箱 | ● | ● | ● | ● | ● | ● |
| | 饮水站 | ○ | ○ | ○ | ○ | ○ | ○ |
| | 路标、导游牌 | ○ | ○ | ● | ● | ● | ● |
| | 停车场 | — | ○ | ○ | ○ | ○ | ● |
| | 自行车存车处 | ○ | ○ | ● | ● | ● | ● |

续表

| 公园常规设施 | | | | | | | |
|---|---|---|---|---|---|---|---|
| 设施类型 | 设施项目 | 陆地设施(hm²) | | | | | |
| | | <2 | 2～<5 | 5～<10 | 10～<20 | 20～<50 | ≥50 |
| 管理设施 | 管理办公室 | ○ | ● | ● | ● | ● | ● |
| | 治安机构 | — | — | ○ | ● | ● | ● |
| | 垃圾站 | — | — | ○ | ● | ● | ● |
| | 变电室、泵房 | — | — | ○ | ○ | ● | ● |
| | 生产温室荫棚 | — | — | ○ | ○ | ● | ● |
| | 电话交换站 | — | — | — | ○ | ○ | ● |
| | 广播室 | — | — | ○ | ● | ● | ● |
| | 仓库 | — | ○ | ● | ● | ● | ● |
| | 修理车间 | — | — | — | ○ | ● | ● |
| | 管理班(组) | — | ○ | ○ | ○ | ● | ● |
| | 职工食堂 | — | — | ○ | ○ | ○ | ● |
| | 淋浴室 | — | — | — | ○ | ○ | ● |
| | 车库 | — | — | — | ○ | ○ | ● |

注“●”表示应设；“○”表示可设。

(3) 水面和陡坡面积较大的公园游人人均占有面积指标

| 水面和陡坡面积较大的公园游人人均占有面积指标 | | | | |
|---|---|---|---|---|
| 水面和陡坡面积占总面积比例(%) | 0～50 | 60 | 70 | 80 |
| 近期游人占有公园面积($m^2$/人) | ≥30 | ≥40 | ≥50 | ≥75 |
| 远期游人占有公园面积($m^2$/人) | ≥60 | ≥75 | ≥100 | ≥150 |

(4) 各类地表的排水坡度

**各类地表的排水坡度(%)**

| 地表类型 | | 最大坡度 | 最小坡度 | 最适坡度 |
|---|---|---|---|---|
| 草地 | | 33 | 1 | 1.5～10 |
| 运动草地 | | 2 | 0.5 | 1 |
| 栽植地表 | | 视土质而定 | 0.5 | 3～5 |
| 铺装场地 | 平原地区 | 1 | 0.3 | — |
| | 丘陵地区 | 3 | 0.3 | — |

(5) 园路宽度

**园路宽度(m)**

| 园路级别 | 陆地面积($hm^2$) | | | |
|---|---|---|---|---|
| | <2 | 2～<10 | 10～<50 | >50 |
| 主路 | 2.0～3.5 | 2.5～4.5 | 3.5～5.0 | 5.0～7.0 |
| 支路 | 1.2～2.0 | 2.0～3.5 | 2.0～3.5 | 3.5～5.0 |
| 小路 | 0.9～1.2 | 0.9～2.0 | 1.2～2.0 | 1.2～3.0 |

(6) 公园游人出入口总宽度下限

**公园游人出入口总宽度下限(m/万人)**

| 游人人均在园停留时间 | 售票公园 | 不售票公园 |
|---|---|---|
| >4h | 8.3 | 5.0 |
| 1～4h | 17.0 | 10.2 |
| <1h | 25.0 | 15.0 |

注：单位“万人”指公园游人容量。

(7) 土壤物理性质指标

土壤物理性质指标

| 指　标 | 土层深度范围(cm) | |
|---|---|---|
| | 0～30 | 30～110 |
| 质量密度($g/cm^3$) | 1.17～1.45 | 1.17～1.45 |
| 总孔隙度(%) | >45 | 45～52 |
| 非毛管孔隙度(%) | >10 | 10～20 |

(8) 风景林郁闭度

风景林郁闭度

| 类　型 | 开放当年标准 | 成年期标准 |
|---|---|---|
| 密林 | 0.3～0.7 | 0.7～1.0 |
| 疏林 | 0.1～0.4 | 0.4～0.6 |
| 疏林草地 | 0.07～0.20 | 0.1～0.3 |

(9) 各类单行绿篱空间尺度

各类单行绿篱空间尺度(m)

| 类　型 | 地上空间高度 | 地上空间宽度 |
|---|---|---|
| 树墙 | >1.60 | >1.50 |
| 高绿篱 | 1.20～1.60 | 1.20～2.00 |
| 中绿篱 | 0.50～1.20 | 0.80～1.50 |
| 矮绿篱 | 0.5 | 0.30～0.50 |

(10) 公园树木与地下管线最小水平距离

**公园树木与地下管线最小水平距离(m)**

| 名　称 | 新植乔木 | 现状乔木 | 灌木或绿篱外缘 |
| --- | --- | --- | --- |
| 电力电缆 | 1.50 | 3.5 | 0.50 |
| 通信电缆 | 1.50 | 3.5 | 0.50 |
| 给水管 | 1.50 | 2.0 | — |
| 排水管 | 1.50 | 3.0 | — |
| 排水盲沟 | 1.00 | 3.0 | — |
| 消防龙头 | 1.20 | 2.0 | 1.20 |
| 煤气管道(低中压) | 1.20 | 3.0 | 1.00 |
| 热力管 | 2.00 | 5.0 | 2.00 |

注：乔木与地下管线的距离是指乔木树干基部的外缘与管线外缘的净距离。灌木或绿篱与地下管线的距离是指地表处分蘖枝干中最外的枝干基部的外缘与管线外缘的净距。

(11) 公园树木与地面建筑物、构筑物外缘最小水平距离

**公园树木与地面建筑物、构筑物外缘最小水平距离(m)**

| 名　称 | 新植乔木 | 现状乔木 | 灌木或绿篱外缘 |
| --- | --- | --- | --- |
| 测量水准点 | 2.00 | 2.00 | 1.00 |
| 地上杆柱 | 2.00 | 2.00 | — |
| 挡土墙 | 1.00 | 3.00 | 0.50 |
| 楼房 | 5.00 | 5.00 | 1.50 |
| 平房 | 2.00 | 5.00 | — |
| 围墙(高度小于2m) | 1.00 | 2.00 | 0.75 |
| 排水明沟 | 1.00 | 1.00 | 0.50 |

注：乔木与地下管线的距离是指乔木树干基部的外缘与管线外缘的净距离。灌木或绿篱与地下管线的距离是指地表处分蘖枝干中最外的枝干基部的外缘与管线外缘的净距。

（12）栽植土层厚度

栽植土层厚度(cm)

| 植物类型 | 栽植土层厚度 | 必要时设置排水层的厚度 |
| --- | --- | --- |
| 草坪植物 | >30 | 20 |
| 小灌木 | >45 | 30 |
| 大灌木 | >60 | 40 |
| 浅根乔木 | >90 | 40 |
| 深根乔木 | >150 | 40 |

**3. 城市道路绿化设计相关资料**（注：此表参照《城市道路绿化规划设计规范》(CJJ 75—97)

（1）树木与架空电力线路导线的最小垂直距离

树木与架空电力线路导线的最小垂直距离

| 电压(kV) | 1～10 | 35～110 | 154～220 | 330 |
| --- | --- | --- | --- | --- |
| 最小垂直距离(m) | 1.5 | 3.0 | 3.5 | 4.5 |

（2）树木与地下管线外缘最小水平距离

树木与地下管线外缘最小水平距离

| 管线名称 | 距乔木中心距离(m) | 距灌木中心距离(m) |
| --- | --- | --- |
| 电力电缆 | 1.0 | 1.0 |
| 电信电缆(直埋) | 1.0 | 1.0 |

续表

| 树木与地下管线外缘最小水平距离 | | |
|---|---|---|
| 管线名称 | 距乔木中心距离(m) | 距灌木中心距离(m) |
| 电信电缆(管道) | 1.5 | 1.0 |
| 给水管道 | 1.5 | — |
| 雨水管道 | 1.5 | — |
| 污水管道 | 1.5 | — |
| 燃气管道 | 1.2 | 1.2 |
| 热力管道 | 1.5 | 1.5 |
| 排水盲沟 | 1.0 | — |

(3) 树木根颈中心至地下管线外缘的最小距离

| 树木根颈中心至地下管线外缘的最小距离 | | |
|---|---|---|
| 管线名称 | 距乔木根颈中心距离(m) | 距灌木根颈中心距离(m) |
| 电力电缆 | 1.0 | 1.0 |
| 电信电缆(直埋) | 1.0 | 1.0 |
| 电信电缆(管道) | 1.5 | 1.0 |
| 给水管道 | 1.5 | 1.0 |
| 雨水管道 | 1.5 | 1.0 |
| 污水管道 | 1.5 | 1.0 |

(4) 树木与其他设施的最小水平距离

| 树木与其他设施的最小水平距离 | | |
|---|---|---|
| 设施名称 | 至乔木中心距离(m) | 至灌木中心距离(m) |
| 低于2m的围墙 | 1.0 | — |
| 挡土墙 | 1.0 | — |

续表

| 树木与其他设施的最小水平距离 | | |
| --- | --- | --- |
| 设施名称 | 至乔木中心距离(m) | 至灌木中心距离(m) |
| 路灯杆柱 | 2.0 | — |
| 电力、电信杆柱 | 1.5 | — |
| 消防龙头 | 1.5 | 2.0 |
| 测量水准点 | 2.0 | 2.0 |

**4. 居住区环境景观设计资料**（注：此表依据2009年住房和城乡建设部住宅产业化促进中心颁布的《居住区环境景观设计导则》编制而成）

（1）居住区各级中心公共绿地设置规定

居住区各级中心公共绿地设置规定

| 中心绿地名称 | 设置内容 | 要求 | 最小规格($hm^2$) | 最大服务半径(m) |
| --- | --- | --- | --- | --- |
| 居住区公园 | 花木草坪，花坛水面，凉亭雕塑，小卖茶座，老幼设施，停车场地和铺装地面等 | 园内布局应有明确的功能划分 | 1.0 | 800～1000 |
| 小游园 | 花木草坪，花坛水面，雕塑，儿童设施和铺装地面等 | 园内布局应有一定的功能划分 | 0.4 | 400～500 |
| 组团绿地 | 花木草坪，桌椅，简易儿童设施等 | 可灵活布局 | 0.04 | |

（2）院落组团绿地设置规定（参见P6）

(3) 绿化植物栽植间距

**绿化植物栽植间距**

| 名称 | 不宜小于(中—中)(m) | 不宜大于(中—中)(m) |
|---|---|---|
| 一行行道树 | 4.00 | 6.00 |
| 两行行道树(棋盘式栽植) | 3.00 | 5.00 |
| 乔木群栽 | 2.00 | / |
| 乔木与灌木 | 0.50 | / |
| 灌木群栽(大灌木)<br>(中灌木)<br>(小灌木) | 1.00<br>0.75<br>0.30 | 3.00<br>0.50<br>0.80 |

(4) 绿化带最小宽度

**绿化带最小宽度**

| 名称 | 最小宽度(m) | 名称 | 最小宽度(m) |
|---|---|---|---|
| 一行乔木 | 2.00 | 一行灌木带(大灌木) | 2.50 |
| 两行乔木(并列栽值) | 6.00 | 一行乔木与一行绿篱 | 2.50 |
| 两行乔木(棋盘式栽值) | 5.00 | 一行乔木与两行绿篱 | 3.00 |
| 一行灌木带(小灌木) | 1.50 | | |

(5) 绿化植物与建筑物、构筑物的最小间距

**绿化植物与建筑物、构筑物的最小间距**

| 建筑物、构筑物名称 | 最小间距(m) | |
|---|---|---|
| | 至乔木中心 | 至灌木中心 |
| 建筑物外墙:有窗<br>无窗 | 3.0～5.0<br>2.0 | 1.5<br>1.5 |
| 挡土墙顶内和墙脚外 | 2.0 | 0.5 |
| 围墙 | 2.0 | 1.0 |

续表

| 绿化植物与建筑物、构筑物的最小间距 | | |
|---|---|---|
| 建筑物、构筑物名称 | 最小间距(m) | |
| | 至乔木中心 | 至灌木中心 |
| 铁路中心线 | 5.0 | 3.5 |
| 道路路面边缘 | 0.75 | 0.5 |
| 人行道路面边缘 | 0.75 | 0.5 |
| 排水沟边缘 | 1.0 | 0.5 |
| 体育用场地 | 3.0 | 3.0 |
| 喷水冷却池外缘 | 40.0 | — |
| 塔式冷却塔外缘 | 1.5 倍塔高 | — |

(6) 绿化植物与管线的最小间距

| 绿化植物与管线的最小间距 | | |
|---|---|---|
| 管线名称 | 最小间距(m) | |
| | 乔木(至中心) | 灌木(至中心) |
| 给水管、闸井 | 1.5 | 不限 |
| 污水管、雨水管、探井 | 1.0 | 不限 |
| 燃气管、探井 | 1.5 | 1.5 |
| 电力电缆、电信电缆、电信管道 | 1.5 | 1.0 |
| 热力管(沟) | 1.5 | 1.5 |
| 地上杆柱(中心) | 2.0 | 不限 |
| 消防龙头 | 2.0 | 1.2 |

(7) 道路交叉口植物布置规定

| | |
|---|---|
| 行车速度≤40km/h | 非植树区不应小于30m |
| 行车速度≤25km/h | 非植树区不应小于14m |
| 机动车道与非机动车道交叉口 | 非植树区不应小于10m |
| 机动车道与铁路交叉口 | 非植树区不应小于50m |

（8）植物配置按形式

| 组合名称 | 组合形态及效果 | 种植方式 |
|---|---|---|
| 孤植 | 突出树木的个体美，可成为开阔空间的主景 | 多选用粗壮高大，体形优美，树冠较大的乔木 |
| 对植 | 突出树木的整体美，外形整齐美观，高矮大小基本一致 | 以乔灌木为主，在轴线两侧对称种植 |
| 丛植 | 以多种植物组合成的观赏主体，形成多层次绿化结构 | 由遮阳为主的丛植多由数株乔木组成。以观赏为主的多由乔灌木混交组成 |
| 树群 | 以观赏树组成，表现整体造型美，产生起伏变化的背景效果，衬托前景或建筑物 | 由数株同类或异类树种混合种植，一般树群长宽比不超过3∶1，长度不超过60m |
| 草坪 | 分观赏草坪、游憩草坪、运动草坪、交通安全草坪、护坡草皮，主要种植矮小草本植物，通常成为绿地景观的前景 | 按草坪用途选择品种，一般容许坡度为1%～5%，适宜坡度为2%～3% |

（9）植物组合的空间要求

| 植物分类 | 植物高度(cm) | 空间效果 |
|---|---|---|
| 花卉、草坪 | 13～15 | 能覆盖地表，美化开敞空间，在平面上暗示空间 |
| 灌木、花卉 | 40～45 | 产生引导效果，界定空间范围 |
| 灌木、竹类、藤本类 | 90～100 | 产生屏障功能，改变暗示空间的边缘，限定交通流线 |
| 乔木、灌木、藤本类、竹类 | 135～140 | 分隔空间，形成连续完整的围合空间 |
| 乔木、藤本类 | 高于人水平视线 | 产生较强的视线引导作用，可形成较私密的交往空间 |
| 乔木、藤本类 | 高大树冠 | 形成顶面的封闭空间，具有遮蔽功能，并改变天际线的轮廓 |

(10) 绿篱树的行距和株距

**绿篱树的行距和株距**

| 栽植类型 | 绿篱高度(m) | 株行距(m) | | 绿篱计算宽度(m) |
|---|---|---|---|---|
| | | 株距 | 行距 | |
| 一行中灌木<br>两行中灌木 | 1～2 | 0.40～0.60<br>0.50～0.70 | /<br>0.40～0.60 | 1.00<br>1.40～1.60 |
| 一行小灌木<br>两行小灌木 | <1 | 0.25～0.35<br>0.25～0.35 | /<br>0.25～0.30 | 0.80<br>1.10 |

(11) 种植土最小厚度

| 种植物 | 种植土最小厚度(cm) | | |
| --- | --- | --- | --- |
| | 南方地区 | 中部地区 | 北方地区 |
| 花卉草坪地 | 30 | 40 | 50 |
| 灌木 | 50 | 60 | 80 |
| 乔木、藤本植物 | 60 | 80 | 100 |
| 中高乔木 | 80 | 100 | 150 |

(12) 停车场绿化要求

| 绿化部位 | 景观及功能效果 | 设计要点 |
| --- | --- | --- |
| 周界绿化 | 形成分隔带,减少视线干扰和居民的随意穿越。遮挡车辆反光对居室内的影响。增加了车场的领域感,同时美化了周边环境 | 较密集排列种植灌木和乔木,乔木树干要求挺直;车场周边也可围合装饰景墙,或种植攀缘植物进行垂直绿化 |
| 车位间绿化 | 多条带状绿化种植产生陈列式韵律感,改变车场内环境,并形成庇荫,避免阳光直射车辆 | 车位间绿化带由于受车辆尾气排放影响,不宜种植花卉。为满足车辆的垂直停放和种植物保水要求,绿化带一般宽为1.5～2m,乔木沿绿带排列,间距应≥2.5m,以保证车辆在其间停放 |
| 地面绿化及铺装 | 地面铺装和植草砖使场地色彩产生变化,减弱大面积硬质地面的生硬感 | 采用混凝土或塑料植草砖铺地。种植耐碾压草种,选择满足碾压要求具有透水功能的实心砌块铺装材料 |

(13) 居住区道路宽度

| 道路名称 | 道 路 宽 度 |
| --- | --- |
| 居住区道路 | 红线宽度不宜小于20m |
| 小区路 | 路面宽5～8m，建筑控制线之间的宽度，采暖区不宜小于14m，非采暖区不宜小于10m |
| 组团路 | 路面宽3～5m，建筑控制线之内的宽度，采暖区不宜小于10m，非采暖区不宜小于8m |
| 宅间小路 | 路面宽不宜小于2.5m |
| 园路（甬路） | 不宜小于1.2m |

(14) 道路及绿地最大坡度

| 道路及绿地 | | 最大坡度 |
| --- | --- | --- |
| 道路 | 普通道路 | 17%(1/6) |
| | 自行车专用道 | 5% |
| | 轮椅专用道 | 8.5%(1/12) |
| | 轮椅园路 | 4% |
| | 路面排水 | 1%～2% |
| 绿地 | 草皮坡度 | 45% |
| | 中高木绿化种植 | 30% |
| | 草坪修剪机作业 | 15% |

(15) 路面分类及适用场地

| 序号 | 道路分类 | | 路面主要特点 | 适用场地 | | | | | | | | |
|---|---|---|---|---|---|---|---|---|---|---|---|---|
| | | | | 车道 | 人行道 | 停车场 | 广场 | 园路 | 游乐场 | 露台 | 屋顶广场 | 体育场 |
| 1 | 沥青 | 不透水沥青路面 | ①热辐射低，光反射弱，全年使用，耐久，维护成本低。②表面不吸水，不吸尘。遇溶解剂可溶解。③弹性随混合比例而变化，遇热变软 | √ | √ | √ | | | | | | |
| | | 透水性沥青路面 | | | √ | √ | | | | | | |
| | | 彩色沥青路面 | | | √ | | √ | | | | | |
| 2 | 混凝土 | 混凝土路面 | 坚硬，无弹性，铺装容易，耐久，全年使用，维护成本低。撞击易碎 | √ | √ | √ | √ | | | | | |
| | | 水磨石路面 | 表面光滑，可配成多种色彩，有一定硬度，可组成图案装饰 | | √ | | √ | √ | √ | | | |
| | | 模压路面 | 易成型，铺装时间短。分坚硬、柔软两种，面层纹理色泽可变 | | √ | | √ | √ | | | | |
| | | 混凝土预制砌块路面 | 有防滑性。步行舒适，施工简单，修整容易，价格低廉，色彩式样丰富 | | √ | √ | √ | √ | | | | |
| | | 水刷石路面 | 表面砾石均匀露明，有防滑性，观赏性强，砾石粒径可变。不易清扫 | | √ | | √ | √ | | | | |

续表

| 序号 | 道路分类 | | 路面主要特点 | 适用场地 | | | | | | | | |
|---|---|---|---|---|---|---|---|---|---|---|---|---|
| | | | | 车道 | 人行道 | 停车场 | 广场 | 园路 | 游乐场 | 露台 | 屋顶广场 | 体育场 |
| 3 | 花砖 | 釉面砖路面 | 表面光滑，铺筑成本较高，气彩鲜明。撞击易碎，不适应寒冷气温 | | √ | | | | √ | | | |
| | | 陶瓷砖路面 | 有防滑性，有一定的透水性，成本适中。撞击易碎，吸尘，不易清扫 | | √ | | | √ | √ | √ | | |
| | | 透水花砖路面 | 表面有微孔，形状多样，相互咬合，反光较弱 | | √ | √ | | | | | √ | |
| | | 黏土砖路面 | 价格低廉，施工简单。分平砌和竖砌，接缝多可渗水。平整度差，不易清扫 | | √ | | √ | √ | | | | |
| 4 | 天然石材 | 石块路面 | 坚硬密实，耐久，抗风化强，承重大。加工成本高，易受化学腐蚀，粗表面，不易清扫；光表面，防滑差 | | √ | | √ | √ | | | | |
| | | 碎石、卵石路面 | 在道路基底上用水泥粘铺，有防滑性能，观赏性强。成本较高，不易清扫 | | | √ | | | | | | |
| | | 砂石路面 | 砂石级配合，碾压成路面，价格低，易维修，无光反射，质感自然，透水性强 | | | | | √ | | | | |

续表

| 序号 | 道路分类 | | 路面主要特点 | 适用场地 | | | | | | | | |
|---|---|---|---|---|---|---|---|---|---|---|---|---|
| | | | | 车道 | 人行道 | 停车场 | 广场 | 园路 | 游乐场 | 露台 | 屋顶广场 | 体育场 |
| 5 | 砂土 | 砂土路面 | 用天然砂或级配砂铺成软性路面，价格低，无光反射，透水性强。需常湿润 | | | | | √ | | | | |
| | | 黏土路面 | 用混合黏土或三七灰土铺成，有透水性，价格低，无光反射，易维修 | | | | | √ | | | | |
| 6 | 木 | 木地板路面 | 有一定弹性，步行舒适，防滑，透水性强。成本较高，不耐腐蚀。应选耐潮湿木料 | | | | | √ | √ | | | |
| | | 木砖路面 | 步行舒适，防滑，不易起翘。成本较高，需做防腐处理。应选耐潮湿木料 | | | | | √ | | √ | | |
| | | 木屑路面 | 质地松软，透水性强，取材方便，价格低廉，表面铺树皮具有装饰性 | | | | | √ | | | | |

续表

| 序号 | 道路分类 | | 路面主要特点 | 适用场地 | | | | | | | | |
|---|---|---|---|---|---|---|---|---|---|---|---|---|
| | | | | 车道 | 人行道 | 停车场 | 广场 | 园路 | 游乐场 | 露台 | 屋顶广场 | 体育场 |
| 7 | 合成树脂 | 人工草皮路面 | 无尘土，排水良好，行走舒适，成本适中。负荷较轻，维护费用高 | | | √ | √ | | | | | |
| | | 弹性橡胶路面 | 具有良好的弹性，排水良好。成本较高，易受损坏，清洗费时 | | | | | | | √ | √ | √ |
| | | 合成树脂路面 | 行走舒适，安静，排水良好。分弹性和硬性，适于轻载。需要定期修补 | | | | | | | | √ | √ |

（16）儿童游乐设施设计要点

| 序号 | 设施名称 | 设计要点 | 适用年龄 |
| --- | --- | --- | --- |
| 1 | 沙坑 | ①居住区沙坑一般规模为 10～20m²，砂坑中安置游乐器具的要适当加大，以确保基本活动空间，利于儿童之间的相互接触。②沙坑深 40～45cm，沙子必须以中细沙为主，并经过冲洗。沙坑四周应竖 10～15cm 的围沿，防止沙土流失或雨水灌入。围沿一般采用混凝土、塑料和木制，上可铺橡胶软垫。③沙坑内应敷设暗沟排水，防止动物在坑内排泄 | 3～6 岁 |
| 2 | 滑梯 | ①滑梯由攀登段、平台段和下滑段组成，一般采用木材、不锈钢、人造水磨石、玻璃纤维、增强塑料制作，保证滑板表面平滑。②滑梯攀登梯架倾角为 70°左右，宽 40cm，踢板高 6cm，双侧设扶手栏杆。休息平台周围设 80cm 高防护栏杆。滑板倾角 30°～35°，宽 40cm，两侧直缘为 18cm，便于儿童双脚制动。③成品滑板和自制滑梯都应在梯下部铺厚度不小于 3cm 的胶垫，或 40cm 的沙土，防止儿童坠落受伤 | 3～6 岁 |
| 3 | 秋千 | ①秋千分板式、座椅式、轮胎式几种，其场地尺寸根据秋千摆动幅度及与周围游乐设施间距确定。②秋千一般高 2.5m，长 3.5～6.7m（分单座、双座、多座），周边安全护栏高 60cm，踏板距地 35～45cm。幼儿用距地为 25cm。③地面需设排水系统和铺设柔性材料 | 6～15 岁 |

续表

| 序号 | 设施名称 | 设计要点 | 适用年龄 |
|---|---|---|---|
| 4 | 攀登架 | ①攀登架标准尺寸为2.5m×2.5m(高×宽),格架宽度为50cm,架杆选用钢骨和木制。多组格架可组成攀登架式迷宫。②架下必须铺装柔性材料 | 8～12岁 |
| 5 | 跷跷板 | ①普通双连式跷跷板宽为1.8m,长3.6m,中心轴高45cm。②跷跷板端部应放置旧轮胎等设备作缓冲垫 | 8～12岁 |
| 6 | 游戏墙 | ①墙体高控制在1.2m以下,供儿童跨越或骑乘,厚度为15～35cm。②墙上可适当开孔洞,供儿童穿越和窥视产生游乐兴趣。③墙体顶部边沿应做成圆角,墙下铺软垫。④墙上绘制的图案不易退色 | 6～10岁 |
| 7 | 滑板场 | ①滑板场为专用场地,要利用绿化种植、栏杆等与其他休闲区分隔开。②场地用硬质材料铺装,表面平整,并具有较好的摩擦力。③设置固定的滑板练习器具,铁管滑架,曲面滑道和台阶总高度不宜超过60cm,并留出足够的滑跑安全距离 | 10～15岁 |
| 8 | 迷宫 | ①迷宫由灌木丛墙或实墙组成,墙高一般在0.9～1.5m之间,以能遮挡儿童视线为准,通道宽为1.2m。②灌木丛墙需进行修剪以免划伤儿童。③地面以碎石、卵石、水刷石等材料铺砌 | 6～12岁 |

(17) 自行车架设计要求

| 车辆类别 | 停车方式 | 停车通道宽（m） | 停车带宽（m） | 停车车架位宽（m） |
| --- | --- | --- | --- | --- |
| 自行车 | 垂直停放 | 2 | 2 | 0.6 |
| | 错位停放 | 2 | 2 | 0.45 |
| 摩托车 | 垂直停放 | 2.5 | 2.5 | 0.9 |
| | 倾斜停放 | 2 | 2 | 0.9 |

（18）居住区主要标志项目表

| 标志类别 | 标志内容 | 适用场所 |
| --- | --- | --- |
| 名称标志 | ·标志牌<br>·楼号牌<br>·树木名称牌 | |
| 环境标志 | ·小区示意图 | 小区入口大门 |
| | ·街区示意图 | 小区入口大门 |
| | ·居住组团示意图 | 组团入口 |
| | ·停车场导向牌<br>·公共设施分布示意图<br>·自行车停放处示意图<br>·垃圾站位置图 | |
| | ·告示牌 | 会所、物业楼 |
| 指示标志 | ·出入口标志<br>·导向标志<br>·机动车导向标志<br>·自行车导向标志<br>·步道标志<br>·定点标志 | |
| 警示标志 | ·禁止入内标志 | 变电所、变压器等 |
| | ·禁止踏入标志 | 草坪 |

（19）围栏、栅栏设计高度

| 功能要求 | 高度(m) |
| --- | --- |
| 隔离绿化植物 | 0.4 |
| 限制车辆进出 | 0.5～0.7 |
| 标明分界区域 | 1.2～1.5 |
| 限制人员进出 | 1.8～2.0 |
| 供植物攀援 | 2.0左右 |
| 隔噪声实栏 | 3.0～4.5 |

（20）常见挡土墙技术要求及适用场地

| 挡墙类型 | 技术要求及适用场地 |
| --- | --- |
| 干砌石墙 | 墙高不超过3m，墙体顶部宽度宜在450～600mm，适用于可就地取材处 |
| 预制砌块墙 | 墙高不应超过6m，这种模块形式还适用于弧形或曲线形走向的挡墙 |
| 土方锚固式挡墙 | 用金属片或聚合物片将松散回填土方锚固在连锁的预制混凝土面板上。适用于挡墙面积较大时或需要进行填方处 |
| 仓式挡土墙/格间挡土墙 | 由钢筋混凝土连锁砌块和粒状填方构成，模块面层可有多种选择，如平滑面层、骨料外露面层、锤凿混凝土面层和条纹面层等。这种挡墙适用于使用特定挖举设备的大型项目以及空间有限的填方边缘 |
| 混凝土垛式挡土墙 | 用混凝土砌块垛砌成挡墙，然后立即进行土方回填。垛式支架与填方部分的高差不应大于900mm，以保证挡墙的稳固 |
| 木制垛式挡土墙 | 用于需要表现木质材料的景观设计。这种挡土墙不宜用于潮湿或寒冷地区，适宜用于乡村、干热地区 |
| 绿色挡土墙 | 结合挡土墙种植草坪植被。砌体倾斜度宜在25°～70°。尤适于雨量充足的气候带和有喷灌设备的场地 |

(21) 坡度的视觉感受与适用场所

| 坡度(%) | 视觉感受 | 适用场所 | 选择材料 |
| --- | --- | --- | --- |
| 1 | 平坡，行走方便，排水困难 | 渗水路面，局部活动场 | 地砖，料石 |
| 2～3 | 微坡，较平坦，活动方便 | 室外场地，车道，草皮路，绿化种植区，园路 | 混凝土，沥青，水刷石 |
| 4～10 | 缓坡，导向性强 | 草坪广场，自行车道 | 种植砖，砌块 |
| 11～25 | 陡坡，坡型明显 | 坡面草皮 | 种植砖，砌块 |

(22) 树池及树池箅选用表

| 树高 | 树池尺寸(m) | | 树池箅尺寸(直径)(m) |
| --- | --- | --- | --- |
| | 直径 | 深度 | |
| 3m左右 | 0.6 | 0.5 | 0.75 |
| 4～5m | 0.8 | 0.6 | 1.2 |
| 6m左右 | 1.2 | 0.9 | 1.5 |
| 7m左右 | 1.5 | 1.0 | 1.8 |
| 8～10m | 1.8 | 1.2 | 2.0 |

(23) 自然水景的构成元素

| 景观元素 | 内容 |
| --- | --- |
| 水体 | 水体流向，水体色彩，水体倒影，溪流，水源 |
| 沿水驳岸 | 沿水道路，沿岸建筑(码头、古建筑等)，沙滩，雕石 |

续表

| 景观元素 | 内容 |
| --- | --- |
| 水上跨越结构 | 桥梁，栈桥，索道 |
| 水边山体树木(远景) | 山岳，丘陵，峭壁，林木 |
| 水生动植物(近景) | 水面浮生植物，水下植物，鱼鸟类 |
| 水面天光映衬 | 光线折射漫射，水雾，云彩 |

(24) 驳岸类型

| 序号 | 驳岸类型 | 材质选用 |
| --- | --- | --- |
| 1 | 普通驳岸 | 砌块(砖、石、混凝土) |
| 2 | 缓坡驳岸 | 砌块，砌石(卵石、块石)，人工海滩沙石 |
| 3 | 带河岸裙墙的驳岸 | 边框式绿化，木桩锚固卵石 |
| 4 | 阶梯驳岸 | 踏步砌块，仿木阶梯 |
| 5 | 带平台的驳岸 | 石砌平台 |
| 6 | 缓坡、阶梯复合驳岸 | 阶梯砌石，缓坡种植保护 |

(25) 庭院水景

| 水体形态 | | 水景效果 | | | |
| --- | --- | --- | --- | --- | --- |
| | | 视觉 | 声响 | 飞溅 | 风中稳定性 |
| 静水 | 表面无干扰反射体(镜面水) | 好 | 无 | 无 | 极好 |
| | 表面有干扰反射体(波纹) | 好 | 无 | 无 | 极好 |
| | 表面有干扰反射体(鱼鳞波) | 中等 | 无 | 无 | 极好 |
| 落水 | 水流速度快的水幕水堰 | 好 | 高 | 较大 | 好 |
| | 水流速度低的水幕水堰 | 中等 | 低 | 中等 | 尚可 |
| | 间断水流的水幕水堰 | 好 | 中等 | 较大 | 好 |
| | 动力喷涌、喷射水流 | 好 | 中等 | 较大 | 好 |

续表

| 水体形态 | | 水景效果 | | | |
|---|---|---|---|---|---|
| | | 视觉 | 声响 | 飞溅 | 风中稳定性 |
| 流淌 | 低流速平滑水墙 | 中等 | 小 | 无 | 极好 |
| | 中流速有纹路的水墙 | 极好 | 中等 | 中等 | 好 |
| | 低流速水溪、浅池 | 中等 | 无 | 无 | 极好 |
| | 高流速水溪、浅池 | 好 | 中等 | 无 | 极好 |
| 跌水 | 垂直方向瀑布跌水 | 好 | 中等 | 较大 | 极好 |
| | 不规则台阶状瀑布跌水 | 极好 | 中等 | 中等 | 好 |
| | 规则台阶状瀑布跌水 | 极好 | 中等 | 中等 | 好 |
| | 阶梯水池 | 好 | 中等 | 中等 | 极好 |
| 喷涌 | 水柱 | 好 | 中等 | 较大 | 尚可 |
| | 水雾 | 好 | 小 | 小 | 差 |
| | 水幕 | 好 | 小 | 小 | 差 |

（26）溪流配山石

| 序号 | 名称 | 效　果 | 应用部位 |
|---|---|---|---|
| 1 | 主景石 | 形成视线焦点，起到对景作用，点题，说明溪流名称及内涵 | 溪流的首尾或转向处 |
| 2 | 隔水石 | 形成局部小落差和细流声响 | 铺在局部水线变化位置 |
| 3 | 切水石 | 使水产生分流和波动 | 不规则布置在溪流中间 |
| 4 | 破浪石 | 使水产生分流和飞溅 | 用于坡度较大、水面较宽的溪流 |

续表

| 序号 | 名称 | 效果 | 应用部位 |
| --- | --- | --- | --- |
| 5 | 河床石 | 观常石材的自然造型和纹理 | 设在水面下 |
| 6 | 垫脚石 | 具有力度感和稳定感 | 用于支撑大石块 |
| 7 | 横卧石 | 调节水速和水流方向，形成隘口 | 溪流宽度变窄和转向处 |
| 8 | 铺底石 | 美化水底，种植苔藻 | 多采用卵石、砾石、水刷石、瓷砖铺在基底上 |
| 9 | 踏步石 | 装点水面，方便步行 | 横贯溪流，自然布置 |

(27) 喷泉景观的分类和适用场所

| 名称 | 主要特点 | 适用场所 |
| --- | --- | --- |
| 壁泉 | 由墙壁、石壁和玻璃板上喷出，顺流而下形成水帘和多股水流 | 广场，居住区入口，景观墙，挡土墙，庭院 |
| 涌泉 | 水由下向上涌出，呈水柱状，高度0.6～0.8m左右，可独立设置也可组成图案 | 广场，居住区入口，庭院，假山，水池 |
| 间歇泉 | 模拟自然界的地质现象，每隔一定时间喷出水柱和汽柱 | 溪流，小径，泳池边，假山 |
| 旱地泉 | 将喷泉管道和喷头下沉到地面以下，喷水时水流回落到广场硬质铺装上，沿地面坡度排出。平常可作为休闲广场 | 广场，居住区入口 |

续表

| 名称 | 主要特点 | 适用场所 |
| --- | --- | --- |
| 跳泉 | 射流非常光滑稳定，可以准确落在受水孔中，在计算机控制下，生成可变化长度和跳跃时间的水流 | 庭院，园路边，休闲场所 |
| 跳球喷泉 | 射流呈光滑的水球，水球大小和间歇时间可控制 | 庭院，园路边，休闲场所 |
| 雾化喷泉 | 由多组微孔喷管组成，水流通过微孔喷出，看似雾状，多呈柱形和球形 | 庭院，广场，休闲场所 |
| 喷水盆 | 外观呈盆状，下有支柱，可分多级，出水系统简单，多为独立设置 | 园路边，庭院，休闲场所 |
| 小品喷泉 | 从雕塑伤口中的器具（罐、盆）和动物（鱼、龙）口中出水，形象有趣 | 广场，群雕，庭院 |
| 组合喷泉 | 具有一定规模，喷水形式多样，有层次，有气势，喷射高度高 | 广场，居住区，入口 |

（28）亭的形式和特点

| 名称 | 特　点 |
| --- | --- |
| 山亭 | 设置在山顶和人造假山石上，多属标志性 |
| 靠山半亭 | 靠山体、假山石建造，显露半个亭身，多用于中式园林 |
| 靠墙半亭 | 靠墙体建造，显露半个亭身，多用于中式园林 |
| 桥亭 | 建在桥中部或桥头，具有遮蔽风雨和观赏功能 |
| 廊亭 | 与廊相连接的亭，形成连续景观的节点 |
| 群亭 | 由多个亭有机组成，具有一定的体量和韵律 |
| 纪念亭 | 具有特定意义和誉名，或代表院落名称 |
| 凉亭 | 以木制、竹制或其他轻质材料建造，多用于盘结悬垂类蔓生植物，亦常作为外部空间通道使用 |

（29）模拟景观分类及设计要点

| 分类名称 | 模仿对象 | 设计要点 |
| --- | --- | --- |
| 假山石 | 模仿自然山体 | ①采用天然石材进行人工堆砌再造。分观赏性假山和可攀登假山，后者必须采取安全措施。②居住区堆山置石的体量不宜太大，构图应错落有致，选址一般在居住区入口、中心绿化区。③适应配置花草、树木和水流 |
| 人造山石 | 模仿天然石材 | ①人造山石采用钢筋、钢丝网或玻璃钢作内衬，外喷抹水泥做成石材的纹理褶皱，喷色后似山石和海石，喷色是仿石的关键环节。②人造石以观赏为主，在人经常蹬踏的部位需加厚填实，以增加其耐久性。③人造山石覆盖层下宜设计为渗水地面，以利于保持干燥 |
| 人造树木 | 模仿天然树木 | ①人造树木一般采用塑料做枝叶，枯木和钢丝网抹灰做树干，可用于居住区入口和较干旱地区，具有一定的观赏性，可烘托局部的环境景观，但不宜大量采用。②在建筑小品中应用仿木工艺，做成梁柱、绿竹小桥、木凳树桩等，达到以假代真的目的，增强小品的耐久性和艺术性。③仿真树木的表皮装饰要求细致，切忌色彩夸张 |
| 枯水 | 模仿水流 | ①多采用细砂和细石铺成流动的水状，应用于去居住区的草坪的凹地中，砂石以纯白为佳。②可与石块、石板桥、石井及盆景植物组合，成为枯山水景观区。卵石的自然石块作为驳岸使用材料，塑造枯水的浸润痕迹。③以枯水形成的水渠河溪，也是供儿童游戏玩砂的场所，可设计出“过水”的汀步，方便活动人员的踩踏 |
| 人工草坪 | 模仿自然草坪 | ①用塑料及织物制作，适用于小区广场的临时绿化区和屋顶上部。②具有良好的渗水性，但不宜大面积使用 |

续表

| 分类名称 | 模仿对象 | 设计要点 |
| --- | --- | --- |
| 人工坡地 | 模仿波浪 | ①将绿地草坪做成高低起伏、层次分明的造型，并在坡尖上铺带状白砂石，形成浪花。②必须选择靠路和广场适当位置，用矮墙砌出波浪起伏的断面形状，突出浪的动感 |
| 人工铺地 | 模仿水纹、海滩 | ①采用灰瓦和小卵石，有层次有规律地铺装成鱼鳞水纹，多用于庭院间园路。②采用彩色面砖，并由浅变深逐步退晕，造成海滩效果，多用于水池和泳池边岸 |

（30）照明分类及适用场所

| 照明分类 | 适用场所 | 参考照度(lx) | 安装高度(m) | 注意事项 |
| --- | --- | --- | --- | --- |
| 车行照明 | 居住区主次道路 | 10～20 | 4.0～6.0 | ①灯具应选用带遮光罩下照明式。②避免强光直射到住户屋内。③光线投射在路面上要均衡 |
| | 自行车、汽车场 | 10～30 | 2.5～4.0 | |
| 人行照明 | 步行台阶(小径) | 10～20 | 0.6～1.2 | ①避免眩光，采用较低处照明。②光线宜柔和 |
| | 园路、草坪 | 10～50 | 0.3～1.2 | |
| 场地照明 | 运动场 | 100～200 | 4.0～6.0 | ①多采用向下照明方式。②灯具的选择应有艺术性 |
| | 休闲广场 | 50～100 | 2.5～4.0 | |
| | 广场 | 150～300 | — | |
| 装饰照明 | 水下照明 | 150～400 | — | ①水下照明应防水、防漏电，参与性较强的水池和泳池使用12V安全电压。②应禁用或少用霓虹灯和广告灯箱 |
| | 树木绿化 | 150～300 | — | |
| | 花坛、围墙 | 30～50 | — | |
| | 标志、门灯 | 200～300 | — | |

续表

| 照明分类 | 适用场所 | 参照照度(lx) | 安装高度(m) | 注意事项 |
|---|---|---|---|---|
| 安全照明 | 交通出入口(单元门) | 50～70 | — | ①灯具应设在醒目位置。②为了方便疏散,应急灯设在侧壁为好 |
| | 疏散口 | 50～70 | — | |
| 特写照明 | 浮雕 | 100～200 | — | ①采用侧光、投光和泛光等多种形式。②灯光色彩不宜太多。③泛光不应直接射入室内 |
| | 雕塑、小品 | 150～500 | — | |
| | 建筑立面 | 150～200 | — | |

(31) 常见绿化树种分类表

| 序号 | 分类 | 植物例举 |
|---|---|---|
| 1 | 常绿针叶树 | 乔木类:雪松、黑松、龙柏、马尾松、桧柏<br>灌木类:罗汉松、千头柏、翠柏、匍地柏、日本柳杉、五针松 |
| 2 | 落叶针叶树(无灌木) | 乔木类:水杉、金钱松 |
| 3 | 常绿阔叶树 | 乔木类:香樟、广玉兰、女贞、棕榈<br>灌木类:珊瑚树、大叶黄杨、瓜子黄杨、雀舌黄杨、枸骨、橘树、石楠、海桐、桂花、夹竹桃、黄馨、迎春、撒金珊瑚、南天竹、六月雪、小叶女贞、八角金盘、栀子、蚊母、山茶、金丝桃、杜鹃、丝兰(波罗花、剑麻)、苏铁(铁树)、十大功劳 |
| 4 | 落叶阔叶树 | 乔木类:垂柳、直柳、枫杨、龙爪柳、乌桕、槐树、青铜(中国梧桐)、悬铃木(法国梧桐)、槐树(国槐)、盘槐、合欢、银杏、楝树(苦楝)、梓树 |

续表

| 序号 | 分类 | 植物例举 |
| --- | --- | --- |
| 4 | 落叶阔叶树 | 灌木类：樱花、白玉兰、桃花、腊梅、紫薇、紫荆、槭树、青枫、红叶李、贴梗海棠、钟吊海棠、八仙花、麻叶绣球、金钟花（黄金条）、木芙蓉、木槿（槿树）、山麻杆（桂圆树）、石榴 |
| 5 | 竹类 | 慈孝竹、观音竹、佛肚竹、碧玉镶黄金、黄金镶碧玉 |
| 6 | 藤本 | 紫藤、络实、地锦（爬山虎、爬墙虎）、常春藤 |
| 7 | 花卉 | 太阳花、长生菊、一串红、美人蕉、五色苋、甘蓝（球菜花）、菊花、兰花 |
| 8 | 草坪 | 天鹅绒草、结缕草、麦冬草、四季青草、高羊茅、马尼拉草 |

# 第二篇　预算招标篇

## 1. 绿化种植工程相关资料

1.1　绿化工程相应规格对照参考表（注：此表是参照园林绿化工程预算基价编制的）

（1）树坑规格对照参考表

树坑规格对照参考表　　单位：株

| 名　称 | 规格 | | 树坑直径×深度(cm) | 坑面积($m^2$) | 坑体积($m^3$) |
|---|---|---|---|---|---|
| 裸根落叶乔木散生竹 | 胸径(cm以内) | 4 | 50×40 | 0.1963 | 0.0785 |
| | | 6 | 70×50 | 0.3847 | 0.1923 |
| | | 8 | 80×60 | 0.5024 | 0.3140 |
| | | 10 | 100×80 | 0.7850 | 0.6280 |
| | | 12 | 110×90 | 0.9499 | 0.8549 |
| | | 15 | 130×100 | 1.3267 | 1.3267 |
| | | 20 | 150×110 | 1.7663 | 1.9429 |
| | | 25 | 180×120 | 2.5434 | 3.0521 |
| 带土球常绿乔木 | 苗高(cm以内) | 150 | 70×50 | 0.3847 | 0.1923 |
| | | 200 | 80×60 | 0.5024 | 0.3014 |
| | | 250 | 100×80 | 0.7850 | 0.6280 |
| | | 300 | 110×90 | 0.9499 | 0.8549 |

续表

树坑规格对照参考表　　　　单位：株

| 名　称 | 规格 | | | 树坑直径×深度(cm) | 坑面积($m^2$) | 坑体积($m^3$) |
|---|---|---|---|---|---|---|
| 带土球常绿乔木 | 苗高(cm以内) | | 350 | 120×100 | 1.1304 | 1.1304 |
| | | | 400 | 130×110 | 1.3267 | 1.4593 |
| | | | 450 | 140×120 | 1.5386 | 1.8463 |
| | | | 600 | 170×130 | 2.2687 | 2.9492 |
| | | | 750 | 200×140 | 3.1400 | 4.3960 |
| | | | 900 | 230×150 | 4.1527 | 6.2290 |
| 丛生竹 | 根盘丛径(cm以内) | | 30 | 50×40 | 0.1256 | 0.0377 |
| | | | 40 | 60×50 | 0.1963 | 0.0785 |
| | | | 50 | 70×60 | 0.2826 | 0.1413 |
| | | | 60 | 80×70 | 0.3847 | 0.2308 |
| 裸根灌木 | 冠径(cm以内) 50 | 苗高(cm以内) | 100 | 40×30 | 0.1256 | 0.0377 |
| | 100 | | 150 | 50×40 | 0.1963 | 0.0785 |
| | 150 | | 200 | 60×50 | 0.2826 | 0.1413 |
| | 200 | | 250 | 70×60 | 0.3847 | 0.2308 |
| 带土球灌木 | 冠径(cm以内) 50 | 苗高(cm以内) | 100 | 50×40 | 0.1963 | 0.0785 |
| | 100 | | 150 | 60×50 | 0.2826 | 0.1413 |
| | 150 | | 200 | 70×60 | 0.3847 | 0.2308 |
| | 200 | | 250 | 80×70 | 0.5024 | 0.3517 |
| 独株球形植物 | 冠径(cm以内) | | 100 | 60×40 | 0.2826 | 0.113 |
| | | | 150 | 70×50 | 0.3847 | 0.1923 |

续表

| 树坑规格对照参考表 | | | | | 单位：株 |
|---|---|---|---|---|---|
| 名　　称 | 规格 | | 树坑直径×深度(cm) | 坑面积($m^2$) | 坑体积($m^3$) |
| 独株球形植物 | 冠径（cm 以内） | 200 | 80×60 | 0.5024 | 0.3014 |
| | | 250 | 90×70 | 0.6359 | 0.4451 |
| 攀缘植物 | 4 年生以内 | | 30×30 | 0.0707 | 0.0212 |
| | 5 年生以内 | | 40×30 | 0.1256 | 0.0377 |
| | 6～8 年生 | | 50×40 | 0.1963 | 0.0785 |

（2）绿篱沟规格对照参考表

| 绿篱沟规格对照参考表 | | | | | 单位：m |
|---|---|---|---|---|---|
| 单排绿篱 | 规格 | | 挖沟长×宽×深(cm) | 坑面积($m^2$) | 坑体积($m^3$) |
| 单排绿篱 | 修剪后苗高（cm 以内） | 40 | 100×30×30 | 0.30 | 0.0900 |
| | | 60 | 100×35×35 | 0.35 | 0.1225 |
| | | 80 | 100×40×40 | 0.40 | 0.1600 |
| | | 100 | 100×45×45 | 0.45 | 0.2025 |
| | | 120 | 100×50×50 | 0.50 | 0.2500 |
| 双排绿篱 | 修剪后苗高（cm 以内） | 40 | 100×50×30 | 0.50 | 0.1500 |
| | | 60 | 100×55×35 | 0.55 | 0.1925 |
| | | 80 | 100×60×40 | 0.60 | 0.2400 |
| | | 100 | 100×65×45 | 0.65 | 0.2925 |

续表

绿篱沟规格对照参考表　　单位：m

| 单排绿篱 | 规格 | | 挖沟长×宽×深(cm) | 坑面积($m^2$) | 坑体积($m^3$) |
|---|---|---|---|---|---|
| 片植绿篱、色带 | 修剪后苗高（cm 以内） | 40 | 100×100×30 | 1.00 | 0.3000 |
| | | 60 | 100×100×35 | 1.00 | 0.3500 |
| | | 80 | 100×100×40 | 1.00 | 0.4000 |
| | | 100 | 100×100×45 | 1.00 | 0.4500 |

1.2　绿化养护分月承包系数表

绿化养护分月承包系数表

| 时间（月数） | 1 | 2 | 3 | 4 | 5 | 6 | 7 | 8 | 9 | 10 | 11 | 12 |
|---|---|---|---|---|---|---|---|---|---|---|---|---|
| 系数 | 0.2 | 0.3 | 0.37 | 0.44 | 0.51 | 0.58 | 0.65 | 0.72 | 0.79 | 0.85 | 0.93 | 1 |

## 2. 园林小品工程相关资料（注：此表是参照园林绿化工程预算基价编制的）

2.1　土方工程

(1) 拆除工程废土发生量计算表

拆除工程废土发生量计算表　　单位：$m^3$

| 工程项目 | 单位 | 废土产量 |
|---|---|---|
| 石材面层、混凝土砖、黏土砖 | $m^2$ | 0.10 |
| 整体面层 | $m^2$ | 0.03 |
| 块料面层 | $m^2$ | 0.04 |
| 灰土、混凝土垫层 | $m^3$ | 1.50 |
| 砖、石墙、基础 | $m^3$ | 1.46 |
| 混凝土、土方余土 | $m^3$ | 1.35 |

（2）土石方体积折算系数表

**土石方体积折算系数表**

| 虚土 | 天然密实土 | 夯实土 | 松填土 |
| --- | --- | --- | --- |
| 1.00 | 0.77 | 0.67 | 0.83 |
| 1.30 | 1.00 | 0.87 | 1.08 |
| 1.50 | 1.15 | 1.00 | 1.25 |
| 1.20 | 0.92 | 0.80 | 1.00 |

（3）土方放坡系数表

**土方放坡系数表**

| 土质 | 起始深度(m) | 人工挖土 | 机械挖土 | |
| --- | --- | --- | --- | --- |
| | | | 在坑内作业 | 在坑外作业 |
| 一般土 | 1.40 | 1∶0.43 | 1∶0.30 | 1∶0.72 |
| 砂砾坚土 | 2.00 | 1∶0.25 | 1∶0.10 | 1∶0.33 |

（4）工作面增加宽度表

**工作面增加宽度表**

| 基础工程施工项目 | 每边增加工作面(cm) |
| --- | --- |
| 毛石砌筑 | 15 |
| 混凝土基础或基础垫层需要支模板时 | 30 |
| 使用卷材或防水砂浆做垂直防潮层 | 80 |
| 带挡土板的挖土 | 10 |

## 2.2　砌筑工程

（1）砌基础大放脚增加断面计算表

**砌基础大放脚增加断面计算表　　单位：m²**

| 放脚层数 | 增加断面 | |
|---|---|---|
| | 等高 | 不等高 |
| 一 | 0.01575 | 0.01575 |
| 二 | 0.04725 | 0.03938 |
| 三 | 0.09450 | 0.07875 |
| 四 | 0.15750 | 0.12600 |
| 五 | 0.23625 | 0.18900 |
| 六 | 0.33075 | 0.25988 |

(2) 标准砖墙厚度计算表

**标准砖墙厚度计算表**

| 墙厚(砖) | 1/4 | 1/2 | 3/4 | 1 | 3/2 | 2 | 5/2 | 3 |
|---|---|---|---|---|---|---|---|---|
| 计算厚度(mm) | 53 | 115 | 180 | 240 | 365 | 490 | 615 | 740 |

## 2.3 屋顶工程

屋顶坡度系数表

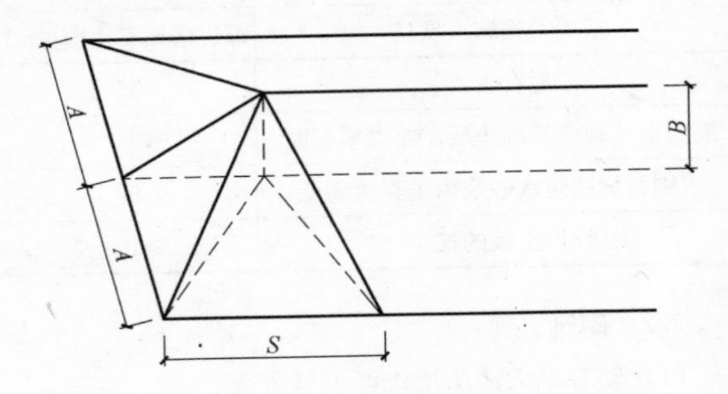

**屋顶坡度系数表**

| 坡度 | | | 延尺系数 $C(A=1)$ | 隅延尺系数 $D(A=S=1)$ |
|---|---|---|---|---|
| $B(A=1)$ | $B/2A$ | 角度 $Q$ | | |
| 1 | 1/2 | 45°00′ | 1.4142 | 1.7321 |
| 0.75 | | 36°52′ | 1.2500 | 1.6008 |
| 0.7 | | 35°00′ | 1.2207 | 1.5780 |
| 0.667 | 1/3 | 33°41′ | 1.2019 | 1.5635 |
| 0.65 | | 33°01′ | 1.1927 | 1.5564 |
| 0.6 | | 30°58′ | 1.1662 | 1.5362 |
| 0.577 | | 30°00′ | 1.1547 | 1.5275 |
| 0.55 | | 28°49′ | 1.1413 | 1.5174 |
| 0.5 | 1/4 | 26°34′ | 1.1180 | 1.5000 |
| 0.45 | | 24°14′ | 1.0966 | 1.4841 |
| 0.414 | | 22°30′ | 1.0824 | 1.4736 |
| 0.4 | 1/5 | 21°48′ | 1.0770 | 1.4697 |
| 0.35 | | 19°17′ | 1.0595 | 1.4569 |
| 0.3 | | 16°42′ | 1.0440 | 1.4457 |
| 0.25 | 1/8 | 14°02′ | 1.0308 | 1.4361 |
| 0.2 | 1/10 | 11°19′ | 1.0198 | 1.4283 |
| 0.167 | 1/12 | 9°28′ | 1.0138 | 1.4240 |
| 0.15 | | 8°32′ | 1.0112 | 1.4221 |
| 0.125 | 1/16 | 7°08′ | 1.0078 | 1.4197 |
| 0.1 | 1/20 | 5°43′ | 1.0050 | 1.4177 |
| 0.083 | 1/24 | 4°06′ | 1.0035 | 1.4167 |
| 0.067 | 1/30 | 3°49′ | 1.0022 | 1.4158 |

2.4 天棚工程

拱顶延长系数表

拱顶延长系数表

| 拱高：跨度 | 1∶2 | 1∶2.5 | 1∶3 | 1∶3.5 | 1∶4 | 1∶4.5 | 1∶5 | 1∶5.5 | 1∶6 | 1∶6.5 | 1∶7 | 1∶7.5 | 1∶8 | 1∶8.5 |
|---|---|---|---|---|---|---|---|---|---|---|---|---|---|---|
| 延长系数 | 1.571 | 1.383 | 1.274 | 1.205 | 1.159 | 1.127 | 1.103 | 1.086 | 1.073 | 1.062 | 1.054 | 1.041 | 1.033 | 1.026 |

## 3. 园林工程工程量清单项目设置及工程量计算规则简表（注：此表是参照园林工程工程量清单计价编制的）

### 3.1 绿地整理

园林工程工程量清单项目设置及工程量计算规则

绿地整理(编码:050101)

| 项目编码 | 项目名称 | 项目特征 | 计量单位 | 工程量计算规则 | 工程内容 |
|---|---|---|---|---|---|
| 50101001 | 伐树、挖树根 | 树干胸径 | 株 | 按估算数量计 | 1. 伐树、挖树根<br>2. 废弃物运输<br>3. 场地清理 |

续表

**园林工程工程量清单项目设置及工程量计算规则**

绿地整理(编码:050101)

| 项目编码 | 项目名称 | 项目特征 | 计量单位 | 工程量计算规则 | 工程内容 |
|---|---|---|---|---|---|
| 50101002 | 砍挖灌木林 | 丛高 | 株丛 | 按估算数量计 | 1. 灌木砍挖<br>2. 废弃物运输<br>3. 清理场地 |
| 50101003 | 挖竹根 | 根盘直径 | 株/株丛 | 按估算数量计 | 1. 砍挖竹根<br>2. 废弃物运输<br>3. 场地清理 |
| 50101004 | 挖芦苇根 | 丛高 | $m^2$ | 按估算面积计 | 1. 苇根砍挖<br>2. 废弃物运输<br>3. 场地清理 |
| 50101005 | 清除草皮 | 丛高 | $m^2$ | 按估算面积计 | 1. 除草<br>2. 废弃物运输<br>3. 场地清理 |

续表

**园林工程工程量清单项目设置及工程量计算规则**

绿地整理(编码:050101)

| 项目编码 | 项目名称 | 项目特征 | 计量单位 | 工程量计算规则 | 工程内容 |
|---|---|---|---|---|---|
| 50101006 | 整理绿化用地 | 1. 土壤类别<br>2. 土质要求<br>3. 取土运距<br>4. 回填厚度<br>5. 弃渣运距 | $m^2$ | 按设计图示尺寸以面积计算 | 1. 排地表水<br>2. 土方挖、运<br>3. 耙细、过筛<br>4. 回填<br>5. 找平、找坡<br>6. 拍实 |
| 50101007 | 屋顶花园基底处理 | 1. 找平层厚度、砂浆种类、强度等级<br>2. 防水层种类、做法<br>3. 排水层厚度、材质 | $m^2$ | 按设计图示尺寸以面积计算 | 1. 抹找平层<br>2. 防水层铺设<br>3. 排水层铺设 |

续表

园林工程工程量清单项目设置及工程量计算规则

绿地整理(编码:050101)

| 项目编码 | 项目名称 | 项目特征 | 计量单位 | 工程量计算规则 | 工程内容 |
|---|---|---|---|---|---|
| 50101007 | 屋顶花园基底处理 | 4. 过滤层厚度、材质<br>5. 回填轻质土厚度、种类<br>6. 屋顶高度<br>7. 垂直运输方式 | $m^2$ | 按设计图示尺寸以面积计算 | 4. 过滤层铺设<br>5. 填轻质土壤<br>6. 运输 |

3.2 栽植花木

栽植花木(编码:050102)

| 项目编码 | 项目名称 | 项目特征 | 计量单位 | 工程量计算规则 | 工程内容 |
|---|---|---|---|---|---|
| 50102001 | 栽植乔木 | 1. 乔木种类<br>2. 乔木胸径 | 株 | 按设计图示数量计算 | 1. 起挖<br>2. 运输 |

续表

栽植花木(编码:050102)

| 项目编码 | 项目名称 | 项目特征 | 计量单位 | 工程量计算规则 | 工程内容 |
|---|---|---|---|---|---|
| 50102001 | 栽植乔木 | 3. 养护期 | 株 | 按设计图示数量计算 | 3. 栽植<br>4. 养护 |
| 50102002 | 栽植竹类 | 1. 竹种类<br>2. 竹胸径<br>3. 养护期 | 株/株丛 | 按设计图示数量计算 | 1. 起挖<br>2. 运输<br>3. 栽植<br>4. 养护 |
| 50102003 | 栽植棕榈类 | 1. 棕榈种类<br>2. 株高<br>3. 养护期 | 株 | 按设计图示数量计算 | 1. 起挖<br>2. 运输<br>3. 栽植<br>4. 养护 |
| 50102004 | 栽植灌木 | 1. 灌木种类<br>2. 冠丛高<br>3. 养护期 | 株 | 按设计图示数量计算 | 1. 起挖<br>2. 运输<br>3. 栽植<br>4. 养护 |

续表

栽植花木(编码:050102)

| 项目编码 | 项目名称 | 项目特征 | 计量单位 | 工程量计算规则 | 工程内容 |
| --- | --- | --- | --- | --- | --- |
| 50102005 | 栽植绿篱 | 1. 绿篱种类<br>2. 篱高<br>3. 行数<br>4. 养护期 | m | 按设计图示以长度计算 | 1. 起挖<br>2. 运输<br>3. 栽植<br>4. 养护 |
| 50102006 | 栽植攀缘植物 | 1. 植物种类<br>2. 养护期 | 株 | 按设计图示数量计算 | 1. 起挖<br>2. 运输<br>3. 栽植<br>4. 养护 |
| 50102007 | 栽植色带 | 1. 苗木种类<br>2. 苗木株高<br>3. 养护期 | $m^2$ | 按设计图示尺寸以面积计算 | 1. 起挖<br>2. 运输<br>3. 栽植<br>4. 养护 |

续表

栽植花木(编码:050102)

| 项目编码 | 项目名称 | 项目特征 | 计量单位 | 工程量计算规则 | 工程内容 |
| --- | --- | --- | --- | --- | --- |
| 50102008 | 栽植花卉 | 1. 花卉种类<br>2. 养护期 | 株 | 按设计图示数量计算 | 1. 起挖<br>2. 运输<br>3. 栽植<br>4. 养护 |
| 50102009 | 栽植水生植物 | 1. 植物种类<br>2. 养护期 | 丛 | 按设计图示数量计算 | 1. 起挖<br>2. 运输<br>3. 栽植<br>4. 养护 |
| 50102010 | 铺种草皮 | 1. 草皮种类<br>2. 铺种方式<br>3. 养护期 | $m^2$ | 按设计图示尺寸以面积计算 | 1. 起挖<br>2. 运输<br>3. 栽植<br>4. 养护 |

续表

栽植花木(编码:050102)

| 项目编码 | 项目名称 | 项目特征 | 计量单位 | 工程量计算规则 | 工程内容 |
| --- | --- | --- | --- | --- | --- |
| 50102011 | 喷播植草 | 1. 草籽种类<br>2. 养护期 | $m^2$ | 按设计图示尺寸以面积计算 | 1. 坡地细整<br>2. 阴坡<br>3. 草籽喷播<br>4. 覆盖<br>5. 养护 |

## 3.3 绿地喷灌

绿地喷灌(编码:050103)

| 项目编码 | 项目名称 | 项目特征 | 计量单位 | 工程量计算规则 | 工程内容 |
| --- | --- | --- | --- | --- | --- |
| 50103001 | 喷灌设施 | 1. 土石类别<br>2. 阀门井材料种类、规格 | m | 按设计图示以长度计算 | 1. 挖土石方<br>2. 阀门井砌筑 |

续表

绿地喷灌(编码:050103)

| 项目编码 | 项目名称 | 项目特征 | 计量单位 | 工程量计算规则 | 工程内容 |
|---|---|---|---|---|---|
| 50103001 | 喷灌设施 | 3. 管道品种、规格 | m | 按设计图示以长度计算 | 3. 管道 |
| | | 4. 管件、阀门、喷头品种、规格 | | | 4. 管道固筑 |
| | | 5. 感应电控装置品种、规格、品牌 | | | 5. 感应电控设施安装 |
| | | 6. 管道固定方式 | | | 6. 水压试验 |
| | | 7. 防护材料种类 | | | 7. 刷防护材料、油漆 |
| | | 8. 油漆品种、刷漆遍数 | | | 8. 回填 |

## 3.4 堆塑假山

堆塑假山(编码:050202)

| 项目编码 | 项目名称 | 项目特征 | 计量单位 | 工程量计算规则 | 工程内容 |
| --- | --- | --- | --- | --- | --- |
| 50202001 | 堆筑土山丘 | 1. 土丘高度<br>2. 土丘坡度要求<br>3. 土丘底外接矩形面积 | $m^3$ | 按设计图示山丘水平投影外接矩形面积乘高度的1/3以体积计算 | 1. 取土<br>2. 运土<br>3. 堆砌、夯实<br>4. 修整 |
| 50202002 | 堆砌石假山 | 1. 堆砌高度<br>2. 石料种类、单块重量<br>3. 混凝土强度等级<br>4. 砂浆强度等级、配合比 | t | 按设计图示尺寸以估算质量计算 | 1. 选料<br>2. 起重架搭拆<br>3. 堆砌、修整 |

续表

堆塑假山(编码:050202)

| 项目编码 | 项目名称 | 项目特征 | 计量单位 | 工程量计算规则 | 工程内容 |
| --- | --- | --- | --- | --- | --- |
| 50202003 | 塑假山 | 1. 假山高度<br>2. 骨架材料种类、规格<br>3. 山皮料种类<br>4. 混凝土强度等级<br>5. 砂浆强度等级、配合比<br>6. 防护材料种类 | $m^2$ | 按设计图示尺寸以估算面积计算 | 1. 骨架制作<br>2. 假山胎模制作<br>3. 塑假山<br>4. 山皮料安装<br>5. 刷防护材料 |
| 50202004 | 石笋 | 1. 石笋高度<br>2. 石笋材料种类<br>3. 砂浆强度等级、配合比 | 支 | 按设计图示数量计 | 1. 选石料<br>2. 石笋安装 |

续表

| 堆塑假山（编码:050202） | | | | | |
|---|---|---|---|---|---|
| 项目编码 | 项目名称 | 项目特征 | 计量单位 | 工程量计算规则 | 工程内容 |
| 50202005 | 点风景石 | 1. 石料种类<br>2. 石料规格、重量<br>3. 砂浆配合比 | 块 | 按设计图示数量计 | 1. 选石料<br>2. 起重架搭拆<br>3. 点石 |
| 50202006 | 池石、盆景山 | 1. 底盘种类<br>2. 山石高度<br>3. 山石种类<br>4. 混凝土砂浆强度等级<br>5. 砂浆强度等级、配合比 | 座/个 | 按设计图示数量计算 | 1. 底盘制作安装<br>2. 池石、盆景山安砌 |

续表

堆塑假山(编码:050202)

| 项目编码 | 项目名称 | 项目特征 | 计量单位 | 工程量计算规则 | 工程内容 |
| --- | --- | --- | --- | --- | --- |
| 50202007 | 山石护角 | 1. 石料种类、规格<br>2. 砂浆配合比 | $m^3$ | 按设计图示尺寸以体积计算 | 1. 石料加工<br>2. 砌石 |
| 50202008 | 山坡石台阶 | 1. 石料种类、规格<br>2. 台阶坡度<br>3. 砂浆强度等级 | $m^2$ | 按设计图示尺寸以水平投影面积计算 | 1. 石料加工<br>2. 台阶、踏步砌筑 |

## 3.5 驳岸

驳岸(编码:050203)

| 项目编码 | 项目名称 | 项目特征 | 计量单位 | 工程量计算规则 | 工程内容 |
| --- | --- | --- | --- | --- | --- |
| 50203001 | 石砌驳岸 | 1. 石料种类、规格<br>2. 驳岸截面、长度 | $m^3$ | 按设计图示尺寸以体积计算 | 1. 石料加工<br>2. 砌石 |

续表

| 驳岸(编码:050203) | | | | | |
|---|---|---|---|---|---|
| 项目编码 | 项目名称 | 项目特征 | 计量单位 | 工程量计算规则 | 工程内容 |
| 50203001 | 石砌驳岸 | 3. 勾缝要求<br>4. 砂浆强度等级、配合比 | $m^3$ | 按设计图示尺寸以体积计算 | 3. 勾缝 |
| 50203002 | 原木桩驳岸 | 1. 木材种类<br>2. 桩直径<br>3. 桩单根长度<br>4. 防护材料种类 | m | 按设计图示以桩长(包括桩尖)计算 | 1. 木桩加工<br>2. 打木桩<br>3. 刷防护材料 |
| 50203003 | 散铺砂卵石护岸(自然护岸) | 1. 护岸平均宽度<br>2. 粗细砂比例<br>3. 卵石粒径<br>4. 大卵石粒径、数量 | $m^2$ | 按设计图示平均护岸宽度乘护岸长度以面积计算 | 1. 修边坡<br>2. 铺卵石、点布大卵石 |

## 3.6 原木、竹构件

原木、竹构件(编码:050301)

| 项目编码 | 项目名称 | 项目特征 | 计量单位 | 工程量计算规则 | 工程内容 |
|---|---|---|---|---|---|
| 50301001 | 原木(带树皮)柱、梁、檩、椽 | 1. 原木种类<br>2. 原木稍径(不含树皮厚度)<br>3. 构件连接方式<br>4. 防护材料种类 | m | 按设计图示以长度计算(包括榫长) | 1. 构件制作<br>2. 构件安装<br>3. 刷防护材料 |
| 50301002 | 原木(带树皮)墙 | 1. 原木种类<br>2. 原木稍径(不含树皮厚度)<br>3. 构件连接方式<br>4. 防护材料种类 | $m^2$ | 按设计图示尺寸以面积(不包括柱、梁)计算 | 1. 构件制作<br>2. 构件安装<br>3. 刷防护材料 |

续表

| 原木、竹构件（编码：050301） | | | | | |
|---|---|---|---|---|---|
| 项目编码 | 项目名称 | 项目特征 | 计量单位 | 工程量计算规则 | 工程内容 |
| 50301003 | 树枝吊挂楣子 | 1. 原木种类<br>2. 原木稍径（不含树皮厚度）<br>3. 构件连接方式<br>4. 防护材料种类 | $m^2$ | 按设计图示尺寸以框外围面积计算 | 1. 构件制作<br>2. 构件安装<br>3. 刷防护材料 |
| 50301004 | 竹柱、梁、檩、椽 | 1. 竹种类<br>2. 竹稍径<br>3. 连接方式<br>4. 防护材料种类 | m | 按设计图示以长度计算 | 1. 构件制作<br>2. 构件安装<br>3. 刷防护材料 |

续表

原木、竹构件(编码:050301)

| 项目编码 | 项目名称 | 项目特征 | 计量单位 | 工程量计算规则 | 工程内容 |
|---|---|---|---|---|---|
| 50301005 | 竹编墙 | 1. 竹种类<br>2. 墙龙骨材料种类、规格<br>3. 墙底层材料种类、规格<br>4. 防护材料种类 | $m^2$ | 按设计图示尺寸以面积计算(不包括柱、梁) | 1. 构件制作<br>2. 构件安装<br>3. 刷防护材料 |
| 50301006 | 竹吊挂棚子 | 1. 竹种类<br>2. 竹稍径<br>3. 防护材料种类 | $m^2$ | 按设计图示尺寸以框外围面积计算 | 1. 构件制作<br>2. 构件安装<br>3. 刷防护材料 |

## 3.7 亭廊屋面

亭廊屋面(编码:050302)

| 项目编码 | 项目名称 | 项目特征 | 计量单位 | 工程量计算规则 | 工程内容 |
|---|---|---|---|---|---|
| 50302001 | 草屋面 | 1. 屋面坡度<br>2. 铺草种类<br>3. 竹材种类<br>4. 防护材料种类 | $m^2$ | 按设计图示尺寸以斜面面积计算 | 1. 整理、选料<br>2. 屋面铺设<br>3. 刷防护材料 |
| 50302002 | 竹屋面 | 1. 屋面坡度<br>2. 铺草种类<br>3. 竹材种类<br>4. 防护材料种类 | $m^2$ | 按设计图示尺寸以斜面面积计算 | 1. 整理、选料<br>2. 屋面铺设<br>3. 刷防护材料 |
| 50302003 | 树皮屋面 | 1. 屋面坡度<br>2. 铺草种类<br>3. 竹材种类<br>4. 防护材料种类 | $m^2$ | 按设计图示尺寸以斜面面积计算 | 1. 整理、选料<br>2. 屋面铺设<br>3. 刷防护材料 |

续表

亭廊屋面(编码:050302)

| 项目编码 | 项目名称 | 项目特征 | 计量单位 | 工程量计算规则 | 工程内容 |
| --- | --- | --- | --- | --- | --- |
| 50302004 | 现浇混凝土斜屋面板 | 1. 檐口高度<br>2. 屋面坡度<br>3. 板厚<br>4. 椽子截面<br>5. 老角梁、子角梁截面<br>6. 脊截面<br>7. 混凝土强度等级 | $m^3$ | 按设计图示尺寸以体积计算。混凝土屋脊并入屋面体积内 | 混凝土制作、运输、浇筑、振捣、养护 |
| 50302005 | 现浇混凝土攒尖亭屋面板 | 1. 檐口高度<br>2. 屋面坡度<br>3. 板厚<br>4. 椽子截面<br>5. 老角梁、子角梁截面<br>6. 脊截面<br>7. 混凝土强度等级 | $m^3$ | 按设计图示尺寸以体积计算。混凝土屋脊并入屋面体积内 | 混凝土制作、运输、浇筑、振捣、养护 |

续表

亭廊屋面(编码:050302)

| 项目编码 | 项目名称 | 项目特征 | 计量单位 | 工程量计算规则 | 工程内容 |
|---|---|---|---|---|---|
| 50302006 | 就位预制混凝土攒尖亭屋面板 | 1. 亭屋面坡度<br>2. 穹顶弧长、直径<br>3. 肋截面尺寸<br>4. 板厚<br>5. 混凝土强度等级<br>6. 砂浆强度等级<br>7. 拉杆材质、规格 | $m^3$ | 按设计图示尺寸以体积计算。混凝土脊和穹顶的肋、基梁并入屋面体积内 | 1. 混凝土制作、运输、浇筑、振捣、养护<br>2. 预埋铁件、拉杆安装<br>3. 构件出槽、养护、安装<br>4. 接头灌缝 |

续表

亭廊屋面(编码:050302)

| 项目编码 | 项目名称 | 项目特征 | 计量单位 | 工程量计算规则 | 工程内容 |
| --- | --- | --- | --- | --- | --- |
| 50302007 | 就位预制混凝土穹顶 | 1. 亭屋面坡度<br>2. 穹顶弧长、直径<br>3. 肋截面尺寸<br>4. 板厚<br>5. 混凝土强度等级<br>6. 砂浆强度等级<br>7. 拉杆材质、规格 | $m^3$ | 按设计图示尺寸以体积计算。混凝土脊和穹顶的肋、基梁并入屋面体积内 | 1. 混凝土制作、运输、浇筑、振捣、养护<br>2. 预埋铁件、拉杆安装<br>3. 构件出槽、养护、安装<br>4. 接头灌缝 |

续表

亭廊屋面(编码:050302)

| 项目编码 | 项目名称 | 项目特征 | 计量单位 | 工程量计算规则 | 工程内容 |
|---|---|---|---|---|---|
| 50302008 | 彩色压型钢板(夹心板)攒尖亭屋面板 | 1. 屋面坡度<br>2. 穹顶弧长、直径<br>3. 彩色压型钢板(夹心板)品种、规格、品牌、颜色<br>4. 拉杆材质、规格<br>5. 嵌缝材料种类<br>6. 防护材料种类 | $m^2$ | 按设计图示尺寸以面积计算 | 1. 压型板安装<br>2. 护角、包角、泛水安装<br>3. 嵌缝<br>4. 刷防护材料 |

续表

亭廊屋面(编码:050302)

| 项目编码 | 项目名称 | 项目特征 | 计量单位 | 工程量计算规则 | 工程内容 |
|---|---|---|---|---|---|
| 50302009 | 彩色压型钢板(夹心板)穹顶 | 1. 屋面坡度<br>2. 穹顶弧长、直径<br>3. 彩色压型钢板(夹心板)品种、规格、品牌、颜色<br>4. 拉杆材质、规格<br>5. 嵌缝材料种类<br>6. 防护材料种类 | $m^2$ | 按设计图示尺寸以面积计算 | 1. 压型板安装<br>2. 护角、包角、泛水安装<br>3. 嵌缝<br>4. 刷防护材料 |

## 3.8 花架

花架(编码:050303)

| 项目编码 | 项目名称 | 项目特征 | 计量单位 | 工程量计算规则 | 工程内容 |
|---|---|---|---|---|---|
| 50303001 | 现浇混凝土花架柱、梁 | 1. 柱、梁形式<br>2. 截面<br>3. 混凝土强度等级 | $m^3$ | 按设计图示尺寸以体积计算 | 1. 土石运挖<br>2. 混凝土制作、运输、浇筑、振捣、养护 |
| 50303002 | 预制混凝土花架柱、梁 | 1. 柱、梁形式<br>2. 截面<br>3. 混凝土强度等级<br>4. 砂浆配合比 | $m^3$ | 按设计图示尺寸以体积计算 | 1. 土(石)方挖运<br>2. 混凝土制作、运输、浇筑、振捣、养护<br>3. 构件制作、运输、安装<br>4. 砂浆制作、运输<br>5. 接头灌缝、养护 |

续表

花架(编码:050303)

| 项目编码 | 项目名称 | 项目特征 | 计量单位 | 工程量计算规则 | 工程内容 |
| --- | --- | --- | --- | --- | --- |
| 50303003 | 木花架柱、梁 | 1. 木材种类<br>2. 柱、梁截面<br>3. 连接方式<br>4. 防护材料种类 | $m^3$ | 按设计图示截面乘长度(包括榫长)以体积计算 | 1. 土(石)方挖运<br>2. 混凝土制作、运输、浇筑、振捣、养护<br>3. 构件制作、运输、安装<br>4. 刷防护材料、油漆 |
| 50303004 | 钢花架柱、梁 | 1. 钢材品种、规格<br>2. 柱、梁截面<br>3. 油漆品种、刷漆遍数 | t | 按设计图示以吨质量计算 | 1. 土(石)方挖运<br>2. 混凝土制作、运输、浇筑、振捣、养护<br>3. 构件制作、运输、安装<br>4. 刷防护材料、油漆 |

## 3.9 喷泉

喷泉安装(编码:050305)

| 项目编码 | 项目名称 | 项目特征 | 计量单位 | 工程量计算规则 | 工程内容 |
| --- | --- | --- | --- | --- | --- |
| 50305001 | 喷泉管道 | 1. 管材、管件、水泵、阀门、喷头品种、规格、品牌<br>2. 管道固定方式<br>3. 防护材料种类 | m | 按设计图示以长度计算 | 1. 土(石)方挖运<br>2. 管道、管件、水泵、阀门、喷头安装<br>3. 刷防护材料<br>4. 回填 |
| 50305002 | 喷泉电缆 | 1. 保护管品种、规格<br>2. 电缆品种、规格 | m | 按设计图示以长度计算 | 1. 土(石)方挖运<br>2. 电缆保护管安装<br>3. 电缆敷设<br>4. 回填 |

续表

喷泉安装(编码:050305)

| 项目编码 | 项目名称 | 项目特征 | 计量单位 | 工程量计算规则 | 工程内容 |
|---|---|---|---|---|---|
| 50305003 | 水下艺术装饰灯具 | 1. 灯具品种、规格、品牌<br>2. 灯光颜色 | 套 | 按设计数量计算 | 1. 灯具安装<br>2. 支架制作、运输、安装 |
| 50305004 | 电气控制柜 | 1. 规格、型号<br>2. 安装方式 | 台 | 按设计数量计算 | 1. 电气控制柜(箱)安装<br>2. 系统调试 |

## 3.10 杂项

杂项(编码:050306)

| 项目编码 | 项目名称 | 项目特征 | 计量单位 | 工程量计算规则 | 工程内容 |
| --- | --- | --- | --- | --- | --- |
| 50306001 | 石灯 | 1. 石料种类<br>2. 石灯最大截面<br>3. 石灯高度<br>4. 混凝土强度等级<br>5. 砂浆配合比 | 个 | 按设计图示数量计算 | 1. 土(石)方挖运<br>2. 混凝土制作、运输、浇筑、振捣、养护<br>3. 石灯制作、安装 |
| 50306002 | 塑仿石音箱 | 1. 音箱石内空尺寸<br>2. 钢丝型号<br>3. 砂浆配合比<br>4. 水泥漆品牌、颜色 | 个 | 按设计图示数量计算 | 1. 胎模制作、安装<br>2. 钢丝网制作、安装<br>3. 砂浆制作、运输、养护<br>4. 喷水泥漆<br>5. 埋置仿石音箱 |

续表

杂项(编码:050306)

| 项目编码 | 项目名称 | 项目特征 | 计量单位 | 工程量计算规则 | 工程内容 |
| --- | --- | --- | --- | --- | --- |
| 50306003 | 塑树皮梁、柱 | 1. 塑树种类<br>2. 塑竹种类<br>3. 砂浆配合比<br>4. 颜料品种、颜色 | $m^2$ | 按设计图示尺寸以梁柱外表面积计算 | 1. 灰塑<br>2. 刷涂颜料 |
| 50306004 | 塑竹梁、柱 | 1. 塑树种类<br>2. 塑竹种类<br>3. 砂浆配合比<br>4. 颜料品种、颜色 | $m^2$ | 按设计图示尺寸以梁柱外表面积计算 | 1. 灰塑<br>2. 刷涂颜料 |

续表

杂项(编码:050306)

| 项目编码 | 项目名称 | 项目特征 | 计量单位 | 工程量计算规则 | 工程内容 |
|---|---|---|---|---|---|
| 50306005 | 花坛铁艺栏杆 | 1. 铁艺栏杆高度<br>2. 铁艺栏杆单位长度、重量<br>3. 防护材料种类 | m | 按设计图示以长度计算 | 1. 铁艺栏杆安装<br>2. 刷防护材料 |
| 50306006 | 标志牌 | 1. 材料种类、规格<br>2. 镌字规格、种类<br>3. 喷字规格、颜色<br>4. 油漆品种、颜色 | 个 | 按设计数量计算 | 1. 选料<br>2. 标志牌制作<br>3. 雕凿<br>4. 镌字、喷字<br>5. 运输、安装<br>6. 刷油漆 |

续表

杂项（编码:050306）

| 项目编码 | 项目名称 | 项目特征 | 计量单位 | 工程量计算规则 | 工程内容 |
| --- | --- | --- | --- | --- | --- |
| 50306007 | 石浮雕 | 1. 石料种类<br>2. 浮雕种类<br>3. 防护材料种类 | m | 按设计图示尺寸以雕刻部分外接矩形面积计算 | 1. 放样<br>2. 雕琢<br>3. 刷防护材料 |
| 50306008 | 石镌字 | 1. 石料种类<br>2. 镌字种类<br>3. 镌字规格<br>4. 防护材料种类 | 个 | 按设计数量计算 | 1. 放样<br>2. 雕琢<br>3. 刷防护材料 |
| 50306009 | 砖石砌小摆设 | 1. 砖种类、规格<br>2. 石种类、规格<br>3. 砂浆强度等级、配合比<br>4. 石表面加工要求<br>5. 勾缝要求 | $m^3$ | 按设计图示尺寸以体积计算 | 1. 砂浆制作、运输<br>2. 砌砖、石<br>3. 抹面、养护<br>4. 勾缝<br>5 石表面加工 |

## 4. 多面体常用体积和表面积计算表

多面体的体积和表面积

| | 图形 | 尺寸符号 | 体积(V)底面积(F)<br>表面积(S)侧表面积($S_1$) |
|---|---|---|---|
| 立方体 | | $a$—棱<br>$d$—对角线<br>$S$—表面积<br>$S_1$—侧表面积 | $V=a^3$<br>$S=6a^2$<br>$S_1=4a^2$ |
| 长方体(棱柱) | | $a,b$—边长<br>$h$—高<br>$O$—底面对角线的交点 | $V=a\cdot b\cdot h$<br>$S=2(a\cdot b+a\cdot h+b\cdot h)$<br>$S_1=2h(a+b)$<br>$d=\sqrt{a^2+b^2+h^2}$ |

续表

**多面体的体积和表面积**

| | 图形 | 尺寸符号 | 体积($V$)底面积($F$)<br>表面积($S$)侧表面积($S_1$) |
|---|---|---|---|
| 三棱柱 | 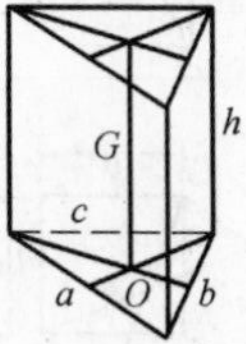 | $a,b,h$—边长<br>$h$—高<br>$F$—底面积<br>$O$—底面中线的交点 | $V=F\cdot h$<br>$S=(a+b+c)\cdot h+2F$<br>$S_1=(a+b+c)\cdot h$ |
| 棱锥 | 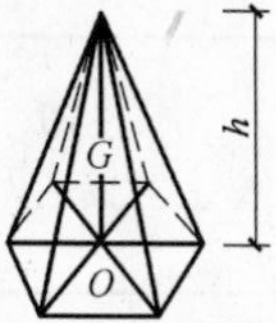 | $f$——个组合三角形的面积<br>$n$—组合三角形的个数<br>$O$—锥底各对角线交点<br>$h$—棱锥高 | $V=\frac{1}{3}F\cdot h$<br>$S=n\cdot f+F$<br>$S_1=n\cdot f$ |

续表

| 多面体的体积和表面积 | | | |
|---|---|---|---|
| 图形 | | 尺寸符号 | 体积(V)底面积(F)<br>表面积(S)侧表面积($S_1$) |
| 棱台 | $F_2$ $G$ $h$ $O$ $F_1$ | $F_1$，$F_2$—两平行底面的面积<br>$h$—底面间距离<br>$a$——个组合梯形的面积<br>$n$—组合梯形数 | $V=\frac{1}{3}h(F_1+F_2+\sqrt{F_1F_2})$<br>$S=an+F_1+F_2$<br>$S_1=an$ |
| 圆柱和空心圆柱(管) | $t$ $B$ $G$ $h$ $O$ | $R$—外半径<br>$r$—内半径<br>$t$—柱壁厚度<br>$p$—平均半径<br>$S_1$—内外侧面积<br>$h$—柱(管)高度 | 圆柱：<br>$V=\pi R^2\cdot h$<br>$S=2\pi R\cdot h+2\pi R^2$<br>$S_1=2\pi R\cdot h$<br>空心直圆柱：<br>$V=\pi h(R^2-r^2)=2\pi Rpth$<br>$S=2\pi(R+r)h+2\pi(R^2-r^2)$<br>$S_1=2\pi h(R+r)$ |

续表

多面体的体积和表面积

| | 图形 | 尺寸符号 | 体积(V)底面积(F)<br>表面积(S)侧表面积($S_1$) |
|---|---|---|---|
| 斜线直圆柱 | | $h_1$—最小高度<br>$h_2$—最大高度<br>$r$—底面半径 | $V=\pi r^2\cdot\frac{h_1+h_2}{2}$<br>$S=\pi r(h_1+h_2)+\pi r^2\cdot\left(1+\frac{1}{\cos\alpha}\right)$<br>$S_1=\pi r(h_1+h_2)$ |
| 直圆锥 | | $r$—底面半径<br>$h$—高<br>$l$—母线长 | $V=\frac{1}{3}\pi r^2 h$<br>$S_1=\pi r\sqrt{r^2+h^2}=\pi rl$<br>$l=\sqrt{r^2+h^2}$<br>$S=S_1+\pi r^2$ |

续表

**多面体的体积和表面积**

| | 图形 | 尺寸符号 | 体积(V)底面积(F)<br>表面积(S)侧表面积($S_1$) |
|---|---|---|---|
| 圆台 | r h G l R O | $R,r$—底面半径<br>$h$—高<br>$l$—母线 | $V=\frac{\pi h}{3}\cdot(R^2+r^2+Rr)$<br>$S_1=\pi l(R+r)$<br>$l=\sqrt{(R-r)^2+h^2}$<br>$S=S_1+\pi(R^2+r^2)$ |
| 球 | O | $r$—半径<br>$d$—直径 | $V=\frac{4}{3}\pi r^3=\frac{\pi d^3}{6}=0.5236d^3$<br>$S=4\pi r^2=\pi d^2$ |

续表

多面体的体积和表面积

| 名称 | 图形 | 尺寸符号 | 体积(V)底面积(F)<br>表面积(S)侧表面积($S_1$) |
| --- | --- | --- | --- |
| 球扇形（球楔） | d, h, r, O | r—球半径<br>d—弓形底圆直径<br>h—弓形高 | $V=\frac{2}{3}\pi r^2 h=2.0944r^2 h$<br>$S=\frac{\pi r}{2}(4h+d)=1.57r(4h+d)$ |
| 球缺 | d, G, h, r, O | h—球缺的高<br>r—球缺半径<br>d—平切圆直径<br>$S_曲$—曲面面积<br>S—球缺表面积 | $V=\pi h^2\left(r-\frac{h}{3}\right)$<br>$S_曲=2\pi h=\pi\left(\frac{d^2}{4}+h^2\right)$<br>$S=\pi h(4r-h)$<br>$d^2=4h(2r-h)$ |

续表

**多面体的体积和表面积**

| | 图形 | 尺寸符号 | 体积(V)底面积(F)<br>表面积(S)侧表面积($S_1$) |
|---|---|---|---|
| 圆环体(胎) | | $R$—圆球体平均半径<br>$D$—圆环体平均半径<br>$d$—圆环体截面直径<br>$r$—圆环体截面半径 | $V=2\pi r^2 R\cdot r^2=\frac{1}{4}\pi^2 Dd^2$<br>$S=4\pi r^2 Rr=\pi^2 Dd=39.478Rr$ |
| 球带体 | | $R$—球半径<br>$r_1,r_2$—底面半径<br>$h$—腰高<br>$h_1$—球心 $O$ 至带底圆心 $O_1$ 的距离 | $V=\frac{\pi h}{b}(3r_1^2+3r_2^2+h^2)$<br>$S_1=2\pi Rh$<br>$S=2\pi Rh+\pi(r_1^2+r_2^2)$ |

续表

多面体的体积和表面积

| | 图形 | 尺寸符号 | 体积(V)底面积(F)<br>表面积(S)侧表面积($S_1$) |
| --- | --- | --- | --- |
| 桶形 | 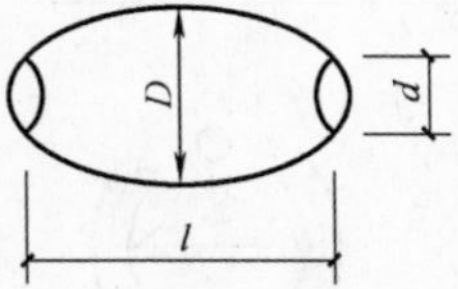 $D$ $d$ $l$ | $D$—中间断面直径<br>$d$—底直径<br>$l$—桶高 | 对于抛物线形桶体<br>$V=\frac{\pi l}{15}\left(2D^2+Dd+\frac{3}{4}d^2\right)$<br>对于圆形桶体<br>$V=\frac{\pi l}{12}(2D^2+d^2)$ |
| 椭球体 | 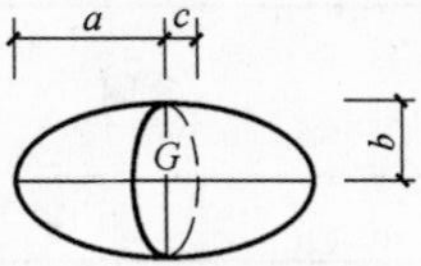 $a$ $c$ $b$ $G$ | $a,b,c$—半轴 | $v=\frac{4}{3}abc\pi$<br>$S=2\sqrt{2}\cdot b\cdot\sqrt{a^2+b^2}$ |

续表

多面体的体积和表面积

| | 图形 | 尺寸符号 | 体积(V)底面积(F)<br>表面积(S)侧表面积($S_1$) |
|---|---|---|---|
| 交叉圆柱体 | | $r$—圆柱半径<br>$l_1$,$l$—圆柱长 | $V=\pi r^2\left(l+l_1-\frac{2r}{3}\right)$ |
| 梯形体 | | $a$,$b$—下底边长<br>$a_1$,$b_1$—上底边长<br>$h$—上、下底边距离(高) | $V=\frac{h}{6}[(2a+a_1)b+(2a_1+a)b_1]$<br>$=\frac{h}{6}[ab+(a+a_1)(b+b_1)+a_1b_1]$ |

## 常用图形求面积公式

| | 图形 | 尺寸符号 | 面积(F)<br>表面积(S) |
|---|---|---|---|
| 正方形 | | $a$—边长<br>$d$—对角线 | $F=a^2$<br>$a=\sqrt{F}\approx 0.77d$<br>$d=1.414a=1.414\sqrt{F}$ |
| 长方形 | | $a$—短边<br>$b$—长边<br>$d$—对角线 | $F=a\cdot b$<br>$d=\sqrt{a^2+b^2}$ |
| 三角形 | | $h$—高<br>$l$—$\frac{1}{2}$周长<br>$a,b,c$—对应角 $A,B,C$ 的边长 | $F=\frac{bh}{2}=\frac{1}{2}ab\sin C$<br>$l=\frac{a+b+c}{2}$ |

续表

常用图形求面积公式

| | 图形 | 尺寸符号 | 底面积($F$)<br>表面积($S$) |
|---|---|---|---|
| 平行四边形 | | $a$,$b$—棱边<br>$h$—对边间的距离 | $F=b\cdot h=a\cdot b\sin\alpha$<br>$=\frac{AC\cdot BD}{2}\sin\beta$ |
| 任意四边形 | | $d_1$,$d_2$—对角线<br>$\alpha$—对角线夹角<br>$h_1$,$h_2$—对应的高 | $F=\frac{d_2}{2}(h_1+h_2)$<br>$=\frac{d_1 d_2}{2}\sin\alpha$ |
| 正多边形 | | $r$—内切圆半径<br>$R$—外接圆半径<br>$\alpha=2\sqrt{R^2-r^2}$—边<br>$a$—$180°$:$n$($n$—边数)<br>$P$—周长$=an$ | $F=\frac{n}{2}R^2\sin2\alpha$<br>$=\frac{pr}{2}$ |

续表

常用图形求面积公式

| | 图形 | 尺寸符号 | 底面积($F$)<br>表面积($S$) |
|---|---|---|---|
| 菱形 | | $d_1, d_2$—对角线<br>$\alpha$—边<br>$\alpha$—角 | $F=\alpha^2\sin\alpha=\frac{d_1 d_2}{2}$ |
| 梯形 | | $CE=AB$<br>$AF=CD$<br>$a=CD$(上底边)<br>$b=AB$(下底边)<br>$P$—高 | $F=\frac{a+b}{2}\cdot h$ |
| 圆形 | | $r$—半径<br>$d$—直径<br>$P$—圆周长 | $F=\pi r^2=\frac{1}{4}\pi d^2$<br>$=0.785d^2=0.07958p^2$<br>$P=\pi d$ |

续表

**常用图形求面积公式**

| | 图形 | 尺寸符号 | 体积(V)底面积(F)<br>表面积(S)侧表面积($S_1$) |
|---|---|---|---|
| 椭圆形 | | $a \cdot b$—主轴 | $F=(\pi/4)a \cdot b$ |
| 扇形 | | $r$—半径<br>$s$—弧长<br>$\alpha$—弧 $s$ 的对应中心角 | $F=\frac{1}{2}r \cdot s=\frac{\alpha}{360}\pi r^2$<br>$s=\frac{\alpha\pi}{180}r$ |
| 弓形 | | $r$—半径<br>$s$—弧长<br>$\alpha$—中心角<br>$b$—弦长<br>$h$—高 | $F=\frac{1}{2}r^2\left(\frac{\alpha\pi}{180}-\sin\alpha\right)$<br>$=\frac{1}{2}[r(s-b)+bh]$<br>$s=r \cdot a \cdot \frac{\pi}{180}=0.0125r \cdot a$<br>$h=r-\sqrt{r^2-\frac{1}{4}a^2}$ |

续表

**常用图形求面积公式**

| | 图形 | 尺寸符号 | 体积($V$)底面积($F$)<br>表面积($S$)侧表面积($S_1$) |
|---|---|---|---|
| 圆环 | | $R$—外半径<br>$r$—内半径<br>$D$—外直径<br>$d$—内直径<br>$t$—环宽<br>$D_{pj}$—平均直径 | $F=\pi(R^2-r^2)$<br>$=\frac{\pi}{4}(D^2-d^2)=\pi\cdot D_{pj}$ |
| 部分圆环 | | $R$—外半径<br>$r$—内半径<br>$D$—外直径<br>$d$—内直径<br>$t$—环宽<br>$R_{pj}$—圆环平均直径 | $F=\frac{\alpha\pi}{360}(R^2-r^2)$<br>$=\frac{\alpha\pi}{180}R_{pj}\cdot t$ |

续表

**常用图形求面积公式**

| | 图形 | 尺寸符号 | 体积(*V*)底面积(*F*)<br>表面积(*S*)侧表面积($S_1$) |
|---|---|---|---|
| 新月形 | G α r O1 | *L*—两个圆心间的距离<br>*d*—直径 | $F=r^2\left(\pi-\frac{\pi}{180}\alpha+\sin\alpha\right)=r^2\cdot P$<br>$P=\pi-\frac{\pi}{180}\alpha+\sin\alpha$ |
| 抛物线形 | C h A B b | *b*—底边<br>*h*—高<br>*l*—曲线长<br>*S*—Δ*ABC* 的面积 | $l=\sqrt{b^2+1.3333h^2}$<br>$F=\frac{2}{3}b\cdot h=\frac{4}{3}\cdot S$ |

续表

常用图形求面积公式

| | 图形 | 尺寸符号 | 体积(V)底面积(F)<br>表面积(S)侧表面积($S_1$) |
|---|---|---|---|
| 等多边形 | a G | a—边长<br>$K_i$—系数 i 指多边形的边数 | $F=K \cdot a^2$<br>三边形 $K_3=0.433$<br>四边形 $K_4=1.000$<br>五边形 $K_5=1.720$<br>六边形 $K_6=2.598$<br>七边形 $K_7=3.614$<br>八边形 $K_8=4.828$<br>九边形 $K_9=6.182$<br>十边形 $K_{10}=7.694$ |

# 第三篇　工　程　篇

## 1. 常用植物特性表（见附表）

## 2. 常用绿化工程速查表

2.1　绿化工程施工及验收相关资料（注：此表参照《城市绿化工程施工及验收规范》CJJ/T 82—99）

（1）园林植物种植必需的最低土层厚度

**园林植物种植必需的最低土层厚度**

| 植被类型 | 草本花卉 | 草坪地被 | 小灌木 | 大灌木 | 浅根乔木 | 深根乔木 |
|---|---|---|---|---|---|---|
| 土层厚度（cm） | 30 | 30 | 45 | 60 | 90 | 150 |

（2）常绿乔木类种植穴规格

**常绿乔木类种植穴规格(cm)**

| 树高 | 土球直径 | 种植穴深度 | 种植穴直径 |
|---|---|---|---|
| 150 | 40～50 | 50～60 | 80～90 |
| 150～250 | 70～80 | 80～90 | 100～110 |
| 250～400 | 80～100 | 90～110 | 120～130 |
| 400 以上 | 140 以上 | 120 以上 | 180 以上 |

（3）落叶乔木类种植穴规格

**落叶乔木类种植穴规格(cm)**

| 胸径 | 种植穴深度 | 种植穴直径 |
|---|---|---|
| 2～3 | 30～40 | 40～60 |
| 3～4 | 40～50 | 60～70 |

续表

| 落叶乔木类种植穴规格(cm) | | |
|---|---|---|
| 胸径 | 种植穴深度 | 种植穴直径 |
| 4～5 | 50～60 | 70～80 |
| 5～6 | 60～70 | 80～90 |
| 6～8 | 70～80 | 90～100 |
| 8～10 | 80～90 | 100～110 |

（4）花灌木类种植穴规格

| 花灌木类种植穴规格(cm) | | |
|---|---|---|
| 冠径 | 种植穴深度 | 种植穴直径 |
| 200 | 70～90 | 90～110 |
| 100 | 60～70 | 70～90 |

（5）竹类种植穴规格

| 竹类种植穴规格(cm) | |
|---|---|
| 种植穴深度 | 种植穴直径 |
| 盘根或土球深 20～40 | 比盘根或土球大 40～60 |

（6）绿篱类种植槽规格

| 绿篱类种植槽规格(cm) | | |
|---|---|---|
| 种植方式 / 深×宽 / 苗高 | 单行 | 双行 |
| 50～80 | 40×40 | 40×60 |
| 100～120 | 50×50 | 50×70 |
| 120～150 | 60×60 | 60×80 |

（7）大树移植记录表

<table>
<tr><th colspan="6">大树移植记录表</th></tr>
<tr><td>原栽地点</td><td>移植地点</td><td>树种</td><td>规格年龄(年)</td><td>移植日期</td><td>参加施工人员</td></tr>
<tr><td></td><td></td><td></td><td></td><td></td><td></td></tr>
<tr><td colspan="6">技术措施：</td></tr>
<tr><td>施工单位<br>检查结论</td><td>项目专业<br>质量检查员：<br>技术负责人：<br>年　月　日</td><td>监理<br>（建设）<br>验收<br>结论</td><td colspan="3">专业监理工程师：<br>（建设单位项目技术负责人）<br>年　月　日</td></tr>
</table>

（8）水生花卉最适水深

**水生花卉最适水深**

| 类别 | 代表品种 | 最适水深(cm) | 备注 |
|---|---|---|---|
| 沿生类 | 菖蒲、千屈菜 | 0.5～10 | 千屈菜可盆栽 |
| 挺水类 | 荷、宽叶香蒲 | 100以内 | —— |
| 浮水类 | 芡实、睡莲 | 50～300 | 睡莲可水中盆栽 |
| 漂浮类 | 浮萍、凤眼莲 | 浮于水面 | 根不生于泥土中 |

（9）绿化工程竣工验收单

<table>
<tr><th colspan="6">绿化工程竣工验收单</th></tr>
<tr><td colspan="3">工程名称</td><td colspan="3">工程地址</td></tr>
<tr><td colspan="3">绿地面积($m^2$)</td><td colspan="3"></td></tr>
<tr><td>开工日期</td><td></td><td>竣工日期</td><td></td><td>验收日期</td><td></td></tr>
<tr><td>树木成活率(%)</td><td colspan="5"></td></tr>
<tr><td>花卉成活率(%)</td><td colspan="5"></td></tr>
<tr><td>草坪覆盖率(%)</td><td colspan="5"></td></tr>
</table>

续表

| 绿化工程竣工验收单 | | |
|---|---|---|
| 整洁及平整 | | |
| 整形修剪 | | |
| 附属设施评定意见 | | |
| 全部工程质量评定及结论 | | |
| 验收意见 | | |
| 施工单位 | 建设单位 | 绿化质检部门 |
| 签字： | 签字： | 签字： |
| 公章： | 公章： | 公章： |

2.2 种植屋面工程相关资料（注：此表参照《种植屋面工程技术规范》JGJ 155—2007）

（1）找坡材料密度

| 找坡材料密度 | |
|---|---|
| 材料名称 | 密度（$kg/m^3$） |
| 加气混凝土 | 400～600 |
| 轻质陶粒混凝土 | 300～900 |
| 水泥膨胀珍珠岩 | 800 |
| 水泥蛭石 | 900 |

（2）种植土湿密度

| 种植土湿密度 | |
|---|---|
| 类别 | 湿密度（$kg/m^3$） |
| 田园土 | 1500～1800 |
| 改良土 | 750～1300 |
| 无机复合种植土 | 450～650 |

(3) 常用种植土配制

常用种植土配制

| 主要配比材料 | 配制比例 | 湿密度(kg/m³) |
| --- | --- | --- |
| 田园土∶轻质骨料 | 1∶1 | 1200 |
| 腐叶土∶蛭石∶沙土 | 7∶2∶1 | 780～1000 |
| 田园土∶草炭∶蛭石和肥料 | 4∶3∶1 | 1100～1300 |
| 田园土∶草炭∶松针土∶珍珠岩 | 1∶1∶1∶1 | 780～1100 |

(4) 种植土物理性能

种植土物理性能

| 项目 | 湿密度(kg/m³) | 导热系数[W/(m. K)] | 内部孔隙率(%) | 有效水分(%) | 排水速率(mm/h) |
| --- | --- | --- | --- | --- | --- |
| 田园土 | 1500～1800 | 0.5 | 5 | 25 | 42 |
| 改良土 | 750～1300 | 0.35 | 20 | 37 | 58 |
| 无机复合种植土 | 450～650 | 0.046 | 30 | 45 | 200 |

(5) 种植土理化指标

种植土理化指标

| 项目 | 非毛管孔隙度(%) | pH值 | 含盐量(%) | 含氮量(g/kg) | 含磷量(g/kg) | 含钾量(g/kg) |
| --- | --- | --- | --- | --- | --- | --- |
| 理化指标 | >10 | 7.0～8.5 | <0.12 | >1.0 | >0.6 | >17 |

(6) 初栽植物种植荷载

**初栽植物种植荷载**

| 植物类型 | 小乔木(带土球) | 大灌木 | 小灌木 | 地被植物 |
| --- | --- | --- | --- | --- |
| 植物高度或面积 | 2.0～2.5m | 1.5～2.0m | 1.0～1.5m | 1.0m² |
| 植物荷重(kN/株) | 0.8～1.2 | 0.6～0.8 | 0.3～0.6 | 0.15～0.3kN/m² |
| 种植荷载(kN/m²) | 2.5～3.0 | 1.5～2.5 | 1.0～1.5 | 0.5～1.0 |

(7) 种植土厚度

**种植土厚度**

| 种植土类型 | 种植土厚度(mm) | | | |
| --- | --- | --- | --- | --- |
| | 小乔木 | 大灌木 | 小灌木 | 地被植物 |
| 田园土 | 800～900 | 500～600 | 300～400 | 100～200 |
| 改良土 | 600～800 | 300～400 | 300～400 | 100～150 |
| 无机复合种植土 | 600～800 | 300～400 | 300～400 | 100～150 |

(8) 种植屋面选用植物

**北方种植屋面选用植物**

**乔木类**

| 植物名称 | 特点 | 植物名称 | 特点 |
| --- | --- | --- | --- |
| 油松 | 耐寒、耐旱,观树形 | 紫叶李 | 稍耐阴,观花、叶 |
| 白皮松 | 稍耐阴,观树形 | 柿树 | 耐旱,观果、叶 |
| 桧柏 | 观树形 | 樱花 | 喜阳,观花 |
| 龙爪槐 | 稍耐阴,观树形 | 海棠 | 稍耐阴,观花、果 |
| 玉兰 | 稍耐阴,观花、叶 | 山楂树 | 稍耐阴,观花 |

续表

| 北方种植屋面选用植物 | | | |
|---|---|---|---|
| 灌木类 | | | |
| 植物名称 | 特点 | 植物名称 | 特点 |
| 大叶黄杨 | 耐旱，观叶 | 碧桃 | 观花 |
| 珍珠梅 | 喜阴，观花 | 迎春 | 观花、叶、枝 |
| 金叶女贞 | 稍耐阴，观叶 | 紫薇 | 观花、叶 |
| 连翘 | 耐半阴，观花、叶 | 果石榴 | 观花、果、枝 |
| 榆叶梅 | 耐寒、耐旱，观花 | 平枝荀子 | 观花、果、枝 |
| 郁李 | 稍耐阴，观花、果 | 黄栌 | 耐旱，观花、叶 |
| 寿星桃 | 稍耐阴，观花、叶 | 天目琼花 | 喜阴，观果 |
| 丁香 | 稍耐阴，观花、叶 | 木槿 | 观花、果 |
| 红瑞木 | 观花、果、枝 | 腊梅 | 观花 |
| 月季 | 阳性，观花 | 黄刺梅 | 耐寒、耐旱，观花 |

| 地被植物 | | | |
|---|---|---|---|
| 植物名称 | 特点 | 植物名称 | 特点 |
| 玉簪类 | 耐寒、耐热，观花、叶 | 铃兰 | 耐半阴，观花、叶 |
| 石竹类 | 耐寒，观花、叶 | 白三叶 | 耐半阴，观叶 |
| 小叶扶芳藤 | 观叶 | 五叶地锦 | 观叶 |
| 沙地柏 | 耐半阴，观叶 | 常春藤 | 观叶 |
| 油菜 | 观花，食用 | 台尔曼忍冬 | 观花、叶 |
| 辣椒 | 观赏，食用 | 景天类 | 耐旱，观果、叶 |
| 扁豆 | 观赏，食用 | 南瓜 | 观花、叶，食用 |
| 萝卜 | 观赏，食用 | 薯类 | 观叶，食用 |
| 大花秋葵 | 阳性，观花 | 丝瓜 | 观赏，食用 |
| 芍药 | 耐半阴，观花、叶 | 茄子 | 观赏，食用 |

续表

| 南方种植屋面选用植物 | | | |
|---|---|---|---|
| 乔木类 | | | |
| 植物名称 | 特点 | 植物名称 | 特点 |
| 棕榈 | 喜强光，生长缓慢 | 白玉兰 | 喜温湿，稍耐阴 |
| 苏铁 | 喜阳光，生于温暖、干燥之处 | 紫玉兰 | 喜温润，喜光，怕涝 |
| 日本黑松 | 耐热、耐寒、耐旱、抗风 | 含笑 | 喜光，稍耐阴，不耐暴晒 |
| 罗汉松 | 喜温湿、半阴，耐寒性略差 | 海棠 | 不耐阴，耐寒、耐旱 |
| 蚊母 | 喜光、温湿，稍耐阴，耐修剪 | 海桐 | 喜光、温湿，稍耐阴 |
| 桂花 | 喜光，稍耐阴，不耐寒 | 龙爪槐 | 温带阳性树种，稍耐庇荫 |
| 灌木类 | | | |
| 植物名称 | 特点 | 植物名称 | 特点 |
| 棕竹 | 喜温湿，怕光 | 紫薇 | 喜光、温湿，稍耐阴 |
| 红花檵木 | 喜光、温湿，耐寒、耐旱 | 腊梅 | 喜光，耐阴、耐寒、耐旱 |
| 瓜子黄杨 | 喜半阴，耐修剪 | 寿星桃 | 喜光，耐旱 |
| 雀舌黄杨 | 喜光、温湿、不耐寒 | 枸骨 | 喜温湿，耐阴 |
| 大叶黄杨 | 喜光，耐阴 | 金橘 | 喜温湿，耐寒、耐旱 |
| 栀子花 | 喜光、温湿，怕暴晒 | 夹竹桃 | 不耐寒 |
| 紫荆 | 喜光、湿润，不耐寒 | 茶花 | 喜温湿、半阴环境 |

续表

南方种植屋面选用植物

灌木类

| 植物名称 | 特点 | 植物名称 | 特点 |
| --- | --- | --- | --- |
| 珊瑚树 | 喜光、温湿，耐寒，稍耐阴 | 迎春 | 喜光，耐阴，不耐寒 |
| 桃叶珊瑚 | 喜温湿，耐阴，不耐寒 | 云南黄馨 | 喜光、温湿，稍耐阴 |
| 火棘 | 喜光 | 丝兰 | 喜温，耐寒 |

地被植物

| 植物名称 | 特点 | 植物名称 | 特点 |
| --- | --- | --- | --- |
| 茉莉 | 略耐阴，不耐寒 | 垂盆花 | 喜温湿 |
| 美人蕉 | 喜温，耐寒 | 半支莲 | 喜温湿 |
| 大丽花 | 喜温，耐寒 | 菊花 | 略耐阴，耐寒 |
| 牡丹 | 喜温，耐寒 | 杜鹃 | 喜温湿，耐阴 |
| 葱兰 | 略耐阴，不耐寒 | 菅芒花 | 喜光，不耐阴 |
| 凤仙花 | 喜温湿 | 一串红 | 喜阳，耐寒 |
| 翠菊 | 喜光，半耐阴 | 彩叶芋 | 略耐阴，不耐寒 |
| 百日草 | 喜温，耐寒 | 鸡冠花 | 喜温，耐寒 |
| 矮牵牛 | 喜光，半耐阴 | 百枝莲 | 喜光，耐寒 |
| 月季 | 喜光、温湿，不耐阴 | 百合 | 略耐阴，耐寒 |

藤木类

| 植物名称 | 特点 | 植物名称 | 特点 |
| --- | --- | --- | --- |
| 葡萄 | 喜温，耐寒 | 常春藤 | 略耐阴，不耐寒 |
| 爬山虎 | 耐阴，耐寒 | 凌霄 | 喜温，耐寒 |
| 五叶地锦 | 喜温，耐寒 | 木香 | 喜温，耐寒 |
| 紫藤 | 喜光，耐寒 | 薜荔 | 喜温湿 |

# 3. 常用混凝土、砂浆配合比速查表

## 3.1 砌筑砂浆配合比

砌筑砂浆配合比 (m³)

| 编号 | | 1 | 2 | 3 | 4 | 5 | 6 |
|---|---|---|---|---|---|---|---|
| 材料名称 | 单位 | 混合砂浆 | | | 水泥砂浆 | | |
| | | M2.5 | M5 | M7.5 | M5 | M7.5 | M10 |
| 水泥 | kg | 131.000 | 187.000 | 253.000 | 213.000 | 263.000 | 303.000 |
| 石灰 | kg | 63.700 | 63.700 | 50.400 | | | |
| 石灰膏 | $m^3$ | (0.091) | (0.091) | (0.072) | | | |
| 砂子 | t | 1.528 | 1.460 | 1.413 | 1.596 | 1.534 | 1.486 |
| 水 | $m^3$ | 0.600 | 0.400 | 0.400 | 0.220 | 0.220 | 0.220 |

## 3.2 抹灰砂浆配合比

### (1) 混合砂浆

**抹灰砂浆配合比**

| 编号 | | 1 | 2 | 3 | 4 | 5 | 6 | 7 | 8 |
|---|---|---|---|---|---|---|---|---|---|
| 材料名称 | 单位 | 混合砂浆 | | | | | | | |
| | | 1∶0.2∶1.5 | 1∶0.2∶2 | 1∶0.3∶2.5 | 1∶0.3∶3 | 1∶0.5∶1 | 1∶0.5∶2 | 1∶0.5∶3 | 1∶0.5∶4 |
| 水泥 | kg | 603.820 | 517.090 | 436.040 | 388.930 | 615.970 | 458.930 | 365.690 | 303.940 |
| 石灰 | kg | 70.450 | 60.330 | 76.310 | 68.060 | 179.660 | 133.850 | 106.660 | 88.650 |
| 石灰膏 | ($m^3$) | (0.101) | (0.086) | (0.109) | (0.097) | (0.257) | (0.191) | (0.152) | (0.127) |
| 砂子 | t | 1.116 | 1.275 | 1.344 | 1.438 | 0.759 | 1.131 | 1.352 | 1.498 |
| 水 | $m^3$ | 0.830 | 0.740 | 0.650 | 0.610 | 0.810 | 0.660 | 0.570 | 0.510 |

续表

抹灰砂浆配合比

| 编号 | | 9 | 10 | 11 | 12 | 13 | 14 | 15 |
|---|---|---|---|---|---|---|---|---|
| 材料名称 | 单位 | 混合砂浆 | | | | | | |
| | | 1∶1∶2 | 1∶1∶3 | 1∶1∶4 | 1∶1∶6 | 1∶2∶1 | 1∶2∶6 | 1∶3∶9 |
| 水泥 | kg | 386.470 | 318.160 | 270.370 | 207.910 | 351.010 | 177.720 | 123.300 |
| 石灰 | kg | 225.440 | 185.590 | 157.720 | 121.280 | 409.510 | 207.340 | 215.770 |
| 石灰膏 | ($m^3$) | (0.322) | (0.265) | (0.225) | (0.173) | (0.585) | (0.296) | (0.308) |
| 砂子 | t | 0.953 | 1.176 | 1.333 | 1.538 | 0.433 | 1.314 | 1.368 |
| 水 | $m^3$ | 0.560 | 0.50 | 0.450 | 0.400 | 0.460 | 0.340 | 0.280 |

（2）水泥砂浆

抹灰砂浆配合比

| 编号 | | 1 | 2 | 3 | 4 | 5 | 6 | 7 |
|---|---|---|---|---|---|---|---|---|
| 材料名称 | 单位 | 水泥砂浆 | | | | | | |
| | | 1∶0.5 | 1∶1 | 1∶1.5 | 1∶2 | 1∶2.5 | 1∶3 | 1∶4 |
| 水泥 | kg | 1067.040 | 823.080 | 669.920 | 564.810 | 488.210 | 429.910 | 361.080 |
| 砂子 | t | 0.658 | 1.014 | 1.239 | 1.392 | 1.504 | 1.590 | 1.780 |
| 水 | $m^3$ | 0.490 | 0.430 | 0.390 | 0.360 | 0.340 | 0.330 | 0.180 |

（3）其他砂浆

**抹灰砂浆配合比**

| 编号 | | 1 | 2 | 3 | 4 | 5 | 6 | 7 |
|---|---|---|---|---|---|---|---|---|
| 材料名称 | 单位 | 水泥细砂浆 | | 素水泥浆 | 水泥白灰浆 | 白灰砂浆 | | 白灰麻刀浆 |
| | | 1∶1 | 1∶1.5 | | 1∶0.5 | 1∶2.5 | 1∶3 | |
| 水泥 | kg | 742.000 | 595.000 | 1502.000 | 927.000 | — | — | — |
| 石灰 | kg | — | — | — | 273.000 | 298.000 | 267.000 | 685.000 |
| 石灰膏 | $m^3$ | — | — | — | (0.390) | (0.425) | (0.381) | (0.978) |
| 砂子 | t | — | — | — | — | 1.543 | 1.659 | — |
| 细砂 | t | 0.838 | 1.018 | — | — | — | — | — |
| 麻刀 | kg | — | — | — | — | — | — | 20.000 |
| 水 | $m^3$ | 0.500 | 0.480 | 0.590 | 0.710 | 0.680 | 0.680 | 0.500 |

续表

| 抹灰砂浆配合比 | | | | | | | | |
|---|---|---|---|---|---|---|---|---|
| 编号 | | 1 | 2 | 3 | 4 | 5 | 6 | 7 |
| 材料名称 | 单位 | 白灰麻刀砂浆 | | 纸筋灰浆 | 水泥白灰麻刀浆 | 小豆浆 | 水泥 TG 胶浆 | 水泥 TG 胶砂浆 |
| | | 1∶2.5 | 1∶3 | | 1∶5 | 1∶1.25 | | |
| 水泥 | kg | — | — | — | 245.000 | 783.000 | 209.000 | 242.000 |
| 石灰 | kg | 298.000 | 267.000 | 671.000 | 571.000 | — | — | — |
| 石灰膏 | $m^3$ | (0.425) | (0.381) | (0.958) | (0.815) | — | — | — |
| 砂子 | t | 1.543 | 1.659 | — | — | — | — | 1.759 |
| 豆粒石 | t | — | — | — | — | 1.247 | — | — |
| 纸筋 | kg | — | — | 38.000 | — | — | — | — |
| TG 胶 | kg | — | — | — | — | — | 156.000 | 54.000 |
| 麻刀 | kg | 16.6000 | 16.600 | — | 20.000 | — | — | — |
| 水 | $m^3$ | 0.680 | 0.680 | 0.500 | 0.500 | 0.350 | 0.860 | 0.260 |

（4）其他

| 其他 | | | | | | | |
|---|---|---|---|---|---|---|---|
| 编号 | | 1 | 2 | 3 | 4 | 5 | 6 |
| 材料名称 | 单位 | 灰土 | | 冷底子油 | | 豆粒石混凝土 | 石油沥青砂浆 |
| | | 2∶8 | 3∶7 | 3∶7(kg) | 1∶1(kg) | 1∶2∶3 | 1∶2∶7 |
| 石灰 | kg | 164.000 | 246.000 | — | — | — | — |
| 黄土 | $m^3$ | 1.325 | 1.164 | — | — | — | — |
| 石油沥青10号 | kg | — | — | 0.315 | 0.525 | — | 240.000 |
| 汽油 | kg | — | — | 0.770 | 0.550 | — | — |
| 水泥 | kg | — | — | — | — | 276.000 | — |
| 砂子 | t | — | — | — | — | 0.668 | 1.816 |
| 豆粒石 | t | — | — | — | — | 1.108 | |
| 滑石粉 | kg | — | — | — | — | — | 458.000 |
| 水 | $m^3$ | 0.200 | 0.200 | — | — | 0.300 | — |

## 3.3 混凝土配合比

### (1) 现浇混凝土配合比

现浇混凝土配合比

| 编号 | | 1 | 2 | 3 | 4 | 5 | 6 |
|---|---|---|---|---|---|---|---|
| 项目 | | 石子粒径 13～19mm | | | | | |
| | | 混凝土强度等级 | | | | | |
| | | C10 | C15 | C20 | C25 | C30 | C35 |
| 材料 | 单位 | 数量 | | | | | |
| 水泥 | kg | 251.96 | 302.47 | 336.43 | 378.26 | 437.26 | 472.73 |
| 砂子 | t | 0.730 | 0.713 | 0.696 | 0.687 | 0.573 | 0.543 |
| 石子 | t | 1.288 | 1.261 | 1.287 | 1.268 | 1.333 | 1.323 |
| 水 | $m^3$ | 0.24 | 0.24 | 0.22 | 0.22 | 0.22 | 0.21 |

现浇混凝土配合比

| 编号 | | 7 | 8 | 9 | 10 | 11 | 12 |
|---|---|---|---|---|---|---|---|
| 项目 | | 石子粒径 19～25mm | | | | | |
| | | 混凝土强度等级 | | | | | |
| | | C7.5 | C10 | C15 | C20 | C25 | C30 |
| 材料 | 单位 | 数量 | | | | | |
| 水泥 | kg | 207.85 | 230.87 | 277.08 | 328.81 | 368.56 | 416.73 |
| 砂子 | t | 0.759 | 0.752 | 0.738 | 0.703 | 0.692 | 0.586 |
| 石子 | t | 1.343 | 1.330 | 1.304 | 1.298 | 1.278 | 1.361 |
| 水 | $m^3$ | 0.22 | 0.22 | 0.22 | 0.22 | 0.21 | 0.21 |

续表

| 现浇混凝土配合比 | | | | | | | |
|---|---|---|---|---|---|---|---|
| 编号 | | 13 | 14 | 15 | 16 | 17 | 18 |
| 项目 | | 石子粒径 25～38mm | | | | | |
| | | 混凝土强度等级 | | | | | |
| | | C7.5 | C10 | C15 | C20 | C25 | C30 |
| 材料 | 单位 | 数量 | | | | | |
| 水泥 | kg | 203.57 | 214.75 | 257.45 | 305.72 | 349.17 | 405.48 |
| 砂子 | t | 0.773 | 0.770 | 0.755 | 0.722 | 0.703 | 0.592 |
| 石子 | t | 1.369 | 1.361 | 1.337 | 1.334 | 1.298 | 1.373 |
| 水 | $m^3$ | 0.20 | 0.20 | 0.20 | 0.20 | 0.20 | 0.20 |

（2）预制混凝土配合比

| 预制混凝土配合比 | | | | | | |
|---|---|---|---|---|---|---|
| 编号 | | 1 | 2 | 3 | 4 | 5 |
| 项目 | | 石子粒径 13～19mm | | | | |
| | | 混凝土强度等级 | | | | |
| | | C15 | C20 | C25 | C30 | C35 |
| 材料 | 单位 | 数量 | | | | |
| 水泥 | kg | 289.34 | 328.81 | 358.87 | 428.00 | 447.85 |
| 砂子 | t | 0.725 | 0.703 | 0.697 | 0.575 | 0.553 |
| 石子 | t | 1.283 | 1.298 | 1.288 | 1.336 | 1.347 |
| 水 | $m^3$ | 0.23 | 0.22 | 0.21 | 0.21 | 0.20 |

续表

| 预制混凝土配合比 | | | | | | |
|---|---|---|---|---|---|---|
| 编号 | | 6 | 7 | 8 | 9 | 10 |
| 项目 | | 石子粒径 19～25mm | | | | |
| | | 混凝土强度等级 | | | | |
| | | C15 | C20 | C25 | C30 | C35 |
| 材料 | 单位 | 数量 | | | | |
| 水泥 | kg | 264.20 | 315.31 | 349.17 | 405.48 | 422.97 |
| 砂子 | t | 0.750 | 0.713 | 0.703 | 0.586 | 0.583 |
| 石子 | t | 1.327 | 1.317 | 1.298 | 1.359 | 1.353 |
| 水 | $m^3$ | 0.21 | 0.21 | 0.20 | 0.20 | 0.19 |

| 预制混凝土配合比 | | | | | |
|---|---|---|---|---|---|
| 编号 | | 11 | 12 | 13 | 14 |
| 项目 | | 石子粒径 25～38mm | | | |
| | | 混凝土强度等级 | | | |
| | | C15 | C20 | C25 | C30 |
| 材料 | 单位 | 数量 | | | |
| 水泥 | kg | 243.15 | 289.74 | 329.77 | 382.95 |
| 砂子 | t | 0.764 | 0.727 | 0.713 | 0.674 |
| 石子 | t | 1.353 | 1.343 | 1.317 | 1.303 |
| 水 | $m^3$ | 0.19 | 0.19 | 0.19 | 0.19 |

(3) 细石混凝土配合比

| 细石混凝土配合比 | | | | |
|---|---|---|---|---|
| 编号 | | 1 | 2 | 3 |
| 项目 | | 石子粒径 6～13mm | | |
| | | 混凝土强度等级 | | |
| | | C20 | C25 | C30 |
| 材料 | 单位 | 数量 | | |
| 水泥 | kg | 359.07 | 409.84 | 447.46 |
| 砂子 | t | 0.792 | 0.736 | 0.662 |
| 石子 | t | 1.135 | 1.147 | 1.224 |
| 水 | $m^3$ | 0.24 | 0.24 | 0.22 |

(4) 水下混凝土配合比

| 水下混凝土配合比 | | | | |
|---|---|---|---|---|
| 编号 | | 1 | 2 | 3 |
| 项目 | | 混凝土强度等级 | | |
| | | C20 | C25 | C30 |
| 材料 | 单位 | 数量 | | |
| 水泥 | kg | 366.54 | 401.25 | 447.46 |
| 砂子 | t | 0.766 | 0.764 | 0.738 |
| 石子 13～19 | t | 0.570 | 0.570 | 0.570 |
| 石子 19～25 | t | 0.570 | 0.570 | 0.570 |
| 水 | $m^3$ | 0.24 | 0.23 | 0.22 |

## 附录一　植物配置一览表

| 序号 | 植物名称 | 学名 | 种类 | 科名 | 生态习性 | 观赏特性及园林用途 | 适用地区 |
| --- | --- | --- | --- | --- | --- | --- | --- |
| 1 | 黑松 | *Pinus thunbergiana* | 常绿乔木 | 松科 | 强阳性，耐寒，要求海岸气候 | 庭荫树，行道树，防潮林，风景林 | 华东沿海地区 |
| 2 | 矮紫杉 | *Taxus cuspidata* cv. Nana | 常绿乔木 | 红豆杉科 | 阴性，耐寒，耐修剪 | 枝叶密生；庭园点缀，盆景，绿篱 | 长江以南各地 |
| 3 | 冬青 | *Ilex purpurea* Hassk. -I. Chinensis auct. non Sims | 常绿乔木 | 冬青科 | 喜光，稍耐阴，耐寒力尚强。喜温湿肥沃的沙质壤土 | 叶长卵形，花紫红色，有香气，花期5～6月 | 长江以南地区 |
| 4 | 白兰花 | *Michelia alba* DC. | 常绿乔木 | 木兰科 | 阳性，喜暖热，不耐寒，喜酸性土 | 花白色，浓香，5～9月；庭荫树，行道树 | 上海温室栽培 |

续表

| 序号 | 植物名称 | 学名 | 种类 | 科名 | 生态习性 | 观赏特性及园林用途 | 适用地区 |
|---|---|---|---|---|---|---|---|
| 5 | 白皮松 | *Pinus bungeana* Zucc. ex Endl | 常绿乔木 | 松科 | 阳性，适应干冷气候，抗污染力强 | 树皮白色雅净；庭荫树，行道树，园景树 | 华北，西北，长江流域 |
| 6 | 侧柏 | *Platycladus orientalis*（L.）Franco-Biota orientalis（L.）Endl. | 常绿乔木 | 柏科 | 阳性，耐寒，耐干旱瘠薄，抗污染 | 庭荫树，行道树，风景林，绿篱 | 全国各地 |
| 7 | 垂叶榕 | *Ficus benjamina* L. | 常绿乔木 | 桑科 | 喜温暖湿润环境，耐阴，不耐寒，要求排水良好酸性土壤 | 叶椭圆形，室内观叶植物 | 华南 |
| 8 | 刺柏 | *Juniperus formosana* Hayata | 常绿乔木 | 柏科 | 中性，喜温暖多雨气候及钙土 | 树冠狭圆锥形，小枝垂；列植，丛植 | 长江流域，青藏东部，陕西 |

续表

| 序号 | 植物名称 | 学名 | 种类 | 科名 | 生态习性 | 观赏特性及园林用途 | 适用地区 |
|---|---|---|---|---|---|---|---|
| 9 | 大花紫薇 | *Lagerstroemia speciosa* Pers. | 常绿乔木 | 千屈菜科 | 阳性,喜暖热气候,不耐寒 | 花淡紫红色,夏秋;庭荫观赏树,行道树 | 华南 |
| 10 | 杜松 | *Juniperus rigida* Sieb. et Zucc. | 常绿乔木 | 柏科 | 强阳性,耐寒,耐干瘠,抗海潮风 | 树冠狭圆锥形,列植,丛植,绿篱 | 华北,东北 |
| 11 | 广玉兰 | *Magnolia grandiflora* L. | 常绿乔木 | 木兰科 | 喜光而幼年耐阴。喜温暖湿润气候。适合酸、中性土 | 花大,白色6～7月:庭荫树,行道树 | 上海普遍栽培 |
| 12 | 红豆杉 | *Taxus chinensis* (Pilger) Rehd. | 常绿乔木 | 红豆杉科 | 性喜气候较温暖多雨地方 | 树形端正,可孤植或群植或为绿篱用 | 长江流域以南各地 |

续表

| 序号 | 植物名称 | 学名 | 种类 | 科名 | 生态习性 | 观赏特性及园林用途 | 适用地区 |
|---|---|---|---|---|---|---|---|
| 13 | 红皮云杉 | *Picea koraiensis* Nakai | 常绿乔木 | 松科 | 耐阴，耐寒，生长较快 | 树冠圆锥形，园景树，风景林 | 东北，华北 |
| 14 | 华山松 | *Pinus armandii* Franch. | 常绿乔木 | 松科 | 弱阳性，喜温凉爽湿润气候 | 庭荫树，行道树，园景树，风景林 | 西南，华西，华北 |
| 15 | 火炬松 | *pinus taeda* L. | 常绿乔木 | 松科 | 能耐干燥瘠薄，适应性较强对松毛虫有一定的抗性 | 叶细而硬，亮绿色 | 我国南方各地 |
| 16 | 冷杉 | *Abies fabri*(Mast) Craib | 常绿乔木 | 松科 | 阴性树种，喜冷湿气候，忌排水不良 | 树冠优美，丛植、群植 | 四川西部 |

续表

| 序号 | 植物名称 | 学名 | 种类 | 科名 | 生态习性 | 观赏特性及园林用途 | 适用地区 |
|---|---|---|---|---|---|---|---|
| 17 | 柳杉 | *Cryptomeria fortunei* | 常绿乔木 | 杉科 | 中性，喜温湿气候及酸性土 | 树冠圆锥形，列植，丛植，风景林 | 长江中下游及其以南地区 |
| 18 | 龙柏 | *Sabina chinesis* cv. Kaizuca | 常绿乔木 | 柏科 | 喜光树种，耐低温及干燥地 | 枝密，翠绿色，球果蓝黑，绿篱 | 华北南部及华东各地 |
| 19 | 铺地柏 | *Sabina procumbens* | 常绿乔木 | 柏科 | 阳性，耐寒，耐干旱 | 匍匐灌木；布置岩石园，地被 | 长江流域，华北 |
| 20 | 千头柏 | *Platycladus orientalis*. cv. Sieboldii | 常绿乔木 | 柏科 | 阳性，耐寒性不如侧柏 | 树冠紧密，近球形，孤植，对植，列植 | 全国各地 |
| 21 | 日本冷杉 | *Abies firma* Sieb et Zucc. | 常绿乔木 | 松科 | 耐阴性强，喜冷凉湿润气候及酸性土 | 树冠圆锥形，园景树，风景林 | 旅大、青岛、南京、北京 |

续表

| 序号 | 植物名称 | 学名 | 种类 | 科名 | 生态习性 | 观赏特性及园林用途 | 适用地区 |
|---|---|---|---|---|---|---|---|
| 22 | 榕树 | *Ficus microcarpa* L. f. | 常绿乔木 | 桑科 | 阳性，喜暖热多雨气候及酸性土 | 树冠大而圆整；庭荫树，行道树，园景树 | 华南 |
| 23 | 砂地柏 | *Sabina vulgalis* Ant. | 常绿乔木 | 柏科 | 阳性，耐寒，耐干旱性强 | 匍匐状灌木，枝斜上；地被，保土，绿篱 | 西北，内蒙古，华北 |
| 24 | 山杜英 | *Elaeocarpus sylvestris* (Lour.) Poir. | 常绿乔木 | 杜英科 | 较耐阴，耐寒，忌排水不良，耐修剪 | 花黄白色，7月；庭荫树，背景树，行道树 | 长江以南地区 |
| 25 | 云杉 | *Picea asperata* Mast. | 常绿乔木 | 松科 | 较耐阴，喜冷湿气候，忌排水不良 | 树冠尖塔形，苍翠壮丽，用于风景林等 | 四川、陕西、甘肃 |

续表

| 序号 | 植物名称 | 学名 | 种类 | 科名 | 生态习性 | 观赏特性及园林用途 | 适用地区 |
| --- | --- | --- | --- | --- | --- | --- | --- |
| 26 | 樟树 | *Cinnamomum camphora* (L.) Presl | 常绿乔木 | 樟科 | 弱阳性，喜温暖湿润，不耐严寒，较耐水湿 | 树冠卵圆形，庭荫树，行道树，风景林 | 长江流域以南各省 |
| 27 | 蒲葵 | *Livistona chinensis* (Jacq.) R. Br. ex Mart. | 常绿乔木 | 棕榈科 | 喜高温高湿，好阳光，亦能耐阴，喜湿润的粘质土 | 庭荫树，行道树，对植，丛植，盆栽 | 华南 |
| 28 | 香榧 | *Torreya grandis* cv. Merrillii | 常绿乔木 | 红豆杉科 | 喜凉爽湿润，较耐寒，怕旱怕积水，宜排水好之微酸土生长 | 庭荫观赏树 | 浙江、安徽、江西 |
| 29 | 圆柏 | *Sabina chinensis* (L.) Ant.-*Juniperus chinensis* L. | 常绿乔木 | 柏科 | 中性，耐寒，稍耐湿，耐修剪 | 幼年树冠狭圆锥形；园景树，丛植，列植 | 东北南部、华北至华南 |

续表

| 序号 | 植物名称 | 学名 | 种类 | 科名 | 生态习性 | 观赏特性及园林用途 | 适用地区 |
|---|---|---|---|---|---|---|---|
| 30 | 棕榈 | *Trachycarpus fortunei* (Hook.) H. Wendl. | 常绿乔木 | 棕榈科 | 中性，喜温湿气候，耐阴，耐寒，抗有毒气体 | 工厂绿化，行道树，对植，丛植，盆栽 | 长江流域以南地区 |
| 31 | 红松 | *Pinus koraiensis* Sieb. et Zucc. | 常绿乔木 | 松科 | 弱阳性，喜冷凉湿润气候及酸性土 | 庭荫树，行道树，风景林 | 东北地区 |
| 32 | 马尾松 | *Pinus massoniana* Lamb. | 常绿乔木 | 松科 | 强阳性，喜温湿气候，宜酸性土 | 造林绿化，风景林 | 华中、华南各地 |
| 33 | 香樟 | *Cinnamomum camphora* (L.) Presl | 常绿乔木 | 樟科 | 喜光树种，喜温暖湿润，稍耐阴，不耐寒，能抗风 | 庭荫树、行道树、风景林树种 | 长江流域以南各地 |

续表

| 序号 | 植物名称 | 学名 | 种类 | 科名 | 生态习性 | 观赏特性及园林用途 | 适用地区 |
|---|---|---|---|---|---|---|---|
| 34 | 罗汉松 | *Podocarpus macrophyllus* (Thunb.) D. Don | 常绿乔木 | 罗汉松科 | 半阴性，喜温暖湿润气候，不耐寒 | 树形优美，观叶、观果；孤植，对植，丛植 | 长江以南各地 |
| 35 | 杉木 | *Cunninghamia lanceolata* (Lamb.) Hook. | 常绿乔木 | 杉科 | 中性，喜温暖湿润气候及酸性土，速生 | 树冠圆锥形，园景树，造林绿化 | 长江中下游至华南 |
| 36 | 雪松 | *Cedrus deodara* (Roxb.) G. Don | 常绿乔木 | 松科 | 弱阳性，耐寒性较强，抗污染力弱 | 树冠圆锥形，姿态优美，园景树，风景林 | 西南，华西，华北 |
| 37 | 油松 | *Pinus tabulaeformis* Carr. | 常绿乔木 | 松科 | 强阳性，耐寒，耐干旱瘠薄和碱土 | 树冠伞形；庭阴树，行道树，园景树，风景林 | 华北，西北 |

续表

| 序号 | 植物名称 | 学名 | 种类 | 科名 | 生态习性 | 观赏特性及园林用途 | 适用地区 |
|---|---|---|---|---|---|---|---|
| 38 | 大叶冬青 | *Ilex latifolia* Thunb. | 常绿乔木 | 冬青科 | 耐阴喜温暖湿润土壤 | 叶大，花紫红色，花期5～6月，观果 | 长江以南地区 |
| 39 | 五针松 | *Pinus parviflora* Sieb. et Zucc. | 常绿乔木 | 松科 | 温带树种，喜光，耐半阴，忌湿畏热，宜造型，喜干燥地 | 观赏树木或树桩盆景 | 长江中下游 |
| 40 | 白桦 | *Betula platyphylla* Suk. | 落叶乔木 | 桦木科 | 强阳性，耐严寒，喜酸性土，速生 | 树皮白色美丽；庭荫树，行道树，风景林 | 东北，华北(高山) |
| 41 | 臭椿 | *Ailanthus altissima* (Mill.) Swingle | 落叶乔木 | 苦木科 | 阳性，耐干瘠、盐碱，抗污染 | 树形优美；庭荫树，行道树工厂绿化 | 华北，长江流域各地 |

续表

| 序号 | 植物名称 | 学名 | 种类 | 科名 | 生态习性 | 观赏特性及园林用途 | 适用地区 |
|---|---|---|---|---|---|---|---|
| 42 | 构树 | *Broussonetia papyrifera*（L.）L Her. ex Vent. | 落叶乔木 | 桑科 | 阳性，适应性强，抗污染，耐干瘠 | 庭荫树，行道树，工厂绿化 | 黄河、长江和珠江流域各地 |
| 43 | 旱柳 | *Salix matsudana* Koidz. | 落叶乔木 | 杨柳科 | 阳性，耐寒湿，耐干旱，速生 | 庭荫树，行道树，护岸树 | 东北，华北，西北，华东 |
| 44 | 合欢 | *Albizia julibrissin* Durazz. | 落叶乔木 | 豆科 | 阳性，稍耐阴，耐寒，耐干旱瘠薄 | 花粉红色，6～7月；庭荫树，行道树 | 黄河，长江，珠江各地 |
| 45 | 核桃楸 | *Juglans mandshurica* Maxim. | 落叶乔木 | 胡桃科 | 强阳性，耐寒性强 | 庭荫树、行道树 | 东北东部，华北，内蒙古 |
| 46 | 梅花 | *Armeniaca mume* Sieb | 落叶乔木 | 蔷薇科 | 喜温暖通风环境，耐寒耐旱忌涝 | 花白或淡红色 | 上海郊县栽培 |

续表

| 序号 | 植物名称 | 学名 | 种类 | 科名 | 生态习性 | 观赏特性及园林用途 | 适用地区 |
|---|---|---|---|---|---|---|---|
| 47 | 苹果 | *Malus pumila* Mill. | 落叶乔木 | 蔷薇科 | 温带喜光树种，耐寒耐干燥 | 叶卵形，花白色带红晕，花期4～5月，观果树种 | 我国栽培 |
| 48 | 七叶树 | *Aesculus chinensis* Bunge var. *chekiangensis* (Hu et Fang) Fang | 落叶乔木 | 七叶树科 | 弱阳性，喜温暖湿润，不耐严寒 | 花白色，5～6月；庭荫树，行道树 | 浙江北部 |
| 49 | 沙梨 | *Pyrus pyrifolia* (Burm. f. )Nakal | 落叶乔木 | 蔷薇科 | 阳性，喜温暖湿润多雨气候，抗寒力较差 | 花白色，3～4月；庭园观赏，果树 | 长江流域至华南、西南 |
| 50 | 山皂荚 | *Gledjitsia. japonica* Miq. | 落叶乔木 | 豆科 | 阳性，耐寒，耐干旱，抗污染 | 树冠广阔，叶密荫浓；庭荫树，行道树 | 黄河中下游、长江流域 |

续表

| 序号 | 植物名称 | 学名 | 种类 | 科名 | 生态习性 | 观赏特性及园林用途 | 适用地区 |
| --- | --- | --- | --- | --- | --- | --- | --- |
| 51 | 柿 | *Diospyros kaki* Thunb. | 落叶乔木 | 柿科 | 阳性树，略耐阴 | 叶大荫浓，果型大，赤橙色，观果树种 | 我国东部 |
| 52 | 水曲柳 | *Fraxinus mandshurica* Rupr. | 落叶乔木 | 木犀科 | 弱阳性、耐寒，不耐水涝，稍耐盐碱，喜肥沃湿润土壤 | 庭荫树，行道树 | 东北，华北 |
| 53 | 水杉 | *Metasequoia glyptostroboides* Hu et Cheng | 落叶乔木 | 杉科 | 阳性，喜温暖，较耐寒，耐盐碱，适应性强 | 树冠狭圆锥形，列植，丛植，风景林 | 四川，湖北 |
| 54 | 五角枫 | *Acer mono* Maxim. | 落叶乔木 | 槭树科 | 弱阳性，稍耐阴，喜温凉湿润气候，在中、酸土上均能生长 | 树形优美，叶果秀丽，可作庭阴树、行道树和防护林 | 东北、华北至长江流域各地 |

续表

| 序号 | 植物名称 | 学名 | 种类 | 科名 | 生态习性 | 观赏特性及园林用途 | 适用地区 |
|---|---|---|---|---|---|---|---|
| 55 | 小叶朴 | *Celtis bungeana* Bl. | 落叶乔木 | 榆科 | 中性，耐寒，耐干旱，抗有毒气体 | 庭荫树，绿化造林，盆景 | 东北南部，华北，长江流域， |
| 56 | 新疆杨 | *Populus alba* cv. Pyramidalis | 落叶乔木 | 杨柳科 | 阳性，耐大气干旱及盐渍土，生长快 | 树冠圆柱形，优美；行道树，风景树，防护林 | 北方各地 |
| 57 | 杏 | *Prunus armeniaca* L. | 落叶乔木 | 蔷薇科 | 阳性，耐寒，耐干旱，不耐涝 | 花粉红，3～4月；庭园观赏，片植 | 东北、华北至长江流域 |
| 58 | 洋白蜡 | *Fraxinus pennsylvanica* Marsh. | 落叶乔木 | 木犀科 | 阳性，耐寒，耐低湿 | 庭荫树，行道树，防护林 | 东北，华北，西北 |
| 59 | 皂荚 | *Gleditsia sinensis* | 落叶乔木 | 豆科 | 阳性，耐寒，耐干旱，抗污染 | 树冠广阔，叶密荫浓；庭荫树 | 黄河中下游、长江流域 |

续表

| 序号 | 植物名称 | 学名 | 种类 | 科名 | 生态习性 | 观赏特性及园林用途 | 适用地区 |
|---|---|---|---|---|---|---|---|
| 60 | 钻天杨 | *Populus nigra* L. cv. Italica | 落叶乔木 | 杨柳科 | 阳性，喜温凉气候，耐水湿，耐寒，耐干燥 | 树冠圆柱形，行道树，防护林，风景树 | 华北，东北以南，西北，长江流域 |
| 61 | 刺槐 | *Robinia pseudoacacia* L. | 落叶乔木 | 豆科 | 阳性，适应性强，怕荫蔽和水湿，浅根性，生长快 | 花白色，5月；行道树，庭荫树，防护林 | 南北各地 |
| 62 | 白蜡树 | *Fraxinus chinensis* Roxb. | 落叶乔木 | 木犀科 | 弱阳性，耐寒，耐低湿，抗烟尘 | 庭荫树，行道树，提岸树 | 南北各地 |
| 63 | 薄壳山核桃 | *Carya illinoensis* | 落叶乔木 | 胡桃科 | 阳性，喜温湿气候，较耐水湿，耐寒 | 庭荫树，行道树，干果树 | 华东 |

续表

| 序号 | 植物名称 | 学名 | 种类 | 科名 | 生态习性 | 观赏特性及园林用途 | 适用地区 |
| --- | --- | --- | --- | --- | --- | --- | --- |
| 64 | 鹅掌楸 | *Liriodendron chinense* (Hemsl.) Sarg. | 落叶乔木 | 木兰科 | 中性偏荫树种，喜温暖湿润避风，耐寒性强，忌高温 | 花黄绿色，4～5月；庭荫观赏树，行道树 | 长江流域及其以南地区 |
| 65 | 红花刺槐 | *Robinia pseudoacacia* cv. Decaisnena | 落叶乔木 | 豆科 | 极喜光，怕阴蔽和水湿 | 花红色，美丽庭阴树，行道树 | 南部 |
| 66 | 加杨 | *Populus canadensis* Moench | 落叶乔木 | 杨柳科 | 阳性，喜温凉气候，耐水湿、盐碱 | 行道树，庭荫树，防护林 | 华北，东北，长江流域 |
| 67 | 苦楝 | *Melia azedarach* L. | 落叶乔木 | 楝科 | 好光，喜温暖湿润气候，不耐寒。耐轻微盐碱，不耐干旱 | 树冠宽阔平展，花大淡紫色，庭阴树、行道树 | 我国南部和中部 |

续表

| 序号 | 植物名称 | 学名 | 种类 | 科名 | 生态习性 | 观赏特性及园林用途 | 适用地区 |
|---|---|---|---|---|---|---|---|
| 68 | 毛白杨 | *Populus tomentosa* Carr. | 落叶乔木 | 杨柳科 | 阳性，喜温凉气候，抗旱，抗污染，速生 | 行道树，庭荫树，防护林 | 黄河流域，江苏，浙江 |
| 69 | 毛泡桐 | *Paulownia tomentosa* (Thunb.) Steud. | 落叶乔木 | 玄参科 | 强阳性，喜温暖，较耐寒，耐热，忌积水 | 白花有紫斑，4～5月；庭荫树，行道树 | 华东，华中，河北，两广 |
| 70 | 南京椴 | *Tilia miqueliana* Maxim. | 落叶乔木 | 椴树科 | 喜阳光，亦耐阴，多生在山坡土层深厚、湿润肥沃土壤 | 叶卵形，花聚伞形淡黄色香味6～7月，行道树庭园树 | 江苏、安徽、浙江 |
| 71 | 泡桐 | *Paulownia fortunei* (Seem.) Hemsl. | 落叶乔木 | 玄参科 | 阳性，喜温暖气候，耐寒，耐旱，耐热，忌积水，速生 | 花白色，4月；庭荫树，行道树 | 华东，华中，河北，两广 |

续表

| 序号 | 植物名称 | 学名 | 种类 | 科名 | 生态习性 | 观赏特性及园林用途 | 适用地区 |
| --- | --- | --- | --- | --- | --- | --- | --- |
| 72 | 青桐 | *Firmiana simplex* (L.) W. F. Wight | 落叶乔木 | 梧桐科 | 阳性树种，喜温暖气候，忌涝，不耐修剪 | 庭阴树、行道树 | 华南至华北，中南半岛 |
| 73 | 青杨 | *Populus cathayanas* Rehd. | 落叶乔木 | 杨柳科 | 阳性，耐干冷气候，不耐水淹，生长快 | 行道树，庭荫树，防护林 | 北部及西北部 |
| 74 | 水松 | *Glyptostrobus pensilis* (Staunt. Ex D. Don)C. Koch | 落叶乔木 | 杉科 | 喜温暖湿润而阳光充足的气候，土壤易湿润而带酸性 | 树冠狭圆锥形，庭荫树，防风、护堤树 | 华南，江西，四川，云南 |
| 75 | 梧桐 | *Firmiana simplex* (L.) W. F. Wight | 落叶乔木 | 梧桐科 | 喜光，喜湿润肥沃的沙质土壤。肉质根，不耐水湿 | 叶大，庭阴树和行道树 | 华南至华北，中南半岛北部 |

续表

| 序号 | 植物名称 | 学名 | 种类 | 科名 | 生态习性 | 观赏特性及园林用途 | 适用地区 |
|---|---|---|---|---|---|---|---|
| 76 | 香椿 | *Toona sinensis* (A. Juss.) Roem. | 落叶乔木 | 楝科 | 喜光，耐寒差。喜湿润肥沃的土壤，耐轻度盐渍土，耐水湿 | 叶大，花白色芳香，花期5～6月，行道树和庭阴树 | 我国南部、中部、东部至华北 |
| 77 | 杨梅 | *Myrica rubra* (Lour.) Sieb. et Zucc. | 落叶乔木 | 杨梅科 | 稍耐阴不耐寒，喜温暖湿润气候 | 果深红、紫红、白等，果期6月，观赏和绿化树种 | 长江流域以南各地 |
| 78 | 银白杨 | *Populus alba* L. | 落叶乔木 | 杨柳科 | 阳性，适应寒冷干燥气候 | 行道树，庭荫树，风景林，防护林 | 西北，华北，东北南部 |
| 79 | 羽叶栾树 | *Koelreuteria bipinnata* Franch. | 落叶乔木 | 无患子科 | 喜光能耐半荫，不择土质，耐寒，耐瘠薄、盐碱，根系深长 | 花黄色，秋日变红色，8～9月，庭院观赏树和行道树 | 华南和西南 |

续表

| 序号 | 植物名称 | 学名 | 种类 | 科名 | 生态习性 | 观赏特性及园林用途 | 适用地区 |
| --- | --- | --- | --- | --- | --- | --- | --- |
| 80 | 核桃 | *Juglans regia* L. | 落叶乔木 | 胡桃科 | 喜光树种，耐寒忌涝及湿热忌盐碱 | 枝叶茂盛，绿荫覆地，孤植、丛植，庭阴树 | 全国各地 |
| 81 | 板栗 | *Castanea mollissima* BI. | 落叶乔木 | 山毛榉科 | 阳性，北方品种耐寒、耐旱，南方品种耐寒、耐旱较差 | 庭荫树，干果树 | 华北，长江流域，河北省 |
| 82 | 金钱松 | *Pseudolarix kaempferi* (Lindl.) Gord. | 落叶乔木 | 松科 | 喜酸性或沙质壤土，喜光性强，耐寒，不耐干旱 | 树冠圆锥形，秋叶金黄；庭荫树，园景树 | 长江中、下流一带 |
| 83 | 桑 | *Morus alba* L. | 落叶乔木 | 桑科 | 喜光，喜温暖湿润气候，耐寒、耐干旱、畏积水 | 绿化及经济树种 | 我国南北各地 |

续表

| 序号 | 植物名称 | 学名 | 种类 | 科名 | 生态习性 | 观赏特性及园林用途 | 适用地区 |
| --- | --- | --- | --- | --- | --- | --- | --- |
| 84 | 紫椴 | *Tilia amurensis* Maxim | 落叶乔木 | 椴树科 | 中性，耐寒性强，抗污染 | 树姿优美，枝叶茂密；庭荫树，行道树 | 江苏，安徽，浙江 |
| 85 | 杜仲 | *Eucommia ulmoides* Oliv. | 落叶乔木 | 杜仲科 | 阳性树种，喜温暖湿润气候 | 叶椭圆状卵形，花与叶同时开放，庭阴树 | 黄河以南，五岭以北各地 |
| 86 | 胡桃 | *Juglans regia* L. | 落叶乔木 | 胡桃科 | 阳性，耐干冷气候，不耐湿热 | 庭荫树，行道树，干果树 | 上海普遍栽培 |
| 87 | 榔榆 | *Ulmus parvifolia* Jacq. | 落叶乔木 | 榆科 | 弱阳性，喜温暖，耐干旱，抗烟尘及毒气 | 树形优美；庭荫树，行道树，盆景 | 长江流域及以南地区 |
| 88 | 绒毛白蜡 | *Fraxinus velutina* Torr. | 落叶乔木 | 木犀科 | 阳性，耐低洼、盐碱地，耐水涝，抗污染 | 庭荫树，行道树，工厂绿化 | 黄河中下游，长江下游 |

续表

| 序号 | 植物名称 | 学名 | 种类 | 科名 | 生态习性 | 观赏特性及园林用途 | 适用地区 |
|---|---|---|---|---|---|---|---|
| 89 | 榆树 | *Ulmus pumila* L. | 落叶乔木 | 榆科 | 阳性,适应性强,耐旱,耐寒,耐盐碱土 | 庭荫树,行道树，防护林 | 我国北部,东部,西南部各地 |
| 90 | 苦茶槭 | *Acer ginnala* Maxim. Subsp. *theigerumm* (Fang) Fang | 落叶乔木 | 槭树科 | 弱阳性，耐寒,耐干燥,忌水涝,抗烟尘 | 秋叶红色,翅果成熟前红色；庭园风景林 | 湖北，湖南，广东，广西 |
| 91 | 秤锤树 | *Sinojackia xylocarpa* Hu | 落叶乔木 | 安息香科 | 阳性树种,喜深厚肥沃、排水良好沙质壤土。耐旱,忌水淹 | 叶椭圆形,聚伞花序白色4～5月，观赏树木,盆栽 | 江苏省 |
| 92 | 槐树 | *Sophora japonica* L. | 落叶乔木 | 豆科 | 阳性，耐寒，抗性强,耐修剪 | 枝叶茂密,树冠宽广；庭荫树,行道树 | 我国北部 |

续表

| 序号 | 植物名称 | 学名 | 种类 | 科名 | 生态习性 | 观赏特性及园林用途 | 适用地区 |
|---|---|---|---|---|---|---|---|
| 93 | 龙爪槐 | *Sophora japonica* cv. Pendula | 落叶乔木 | 豆科 | 阳性，耐寒，抗性强，耐修剪 | 枝下垂，树冠伞形；庭园观赏，对植，列植 | 我国北部 |
| 94 | 国槐 | *Sophora japonica* L. | 落叶乔木 | 豆科 | 喜光树种，耐寒耐旱喜肥沃湿润土壤，不耐阴湿 | 树冠伞形，枝屈曲，庭阴树、行道树 | 我国北部 |
| 95 | 楸树 | *Catalpa bungei* C. A. Mey. | 落叶乔木 | 紫葳科 | 阳性，稍耐阴，不耐干旱和水湿，萌芽力强 | 白花有紫斑，5月；庭荫观赏树，行道树 | 黄河流域，淮河流域 |
| 96 | 珊瑚朴 | *Celtis julianae* Schneid. | 落叶乔木 | 榆科 | 喜光，小梢耐阴，对土壤要求不高 | 叶宽大，黄绿色，早春布满红色花序，核果橙红色 | 华东、华中和华南 |

续表

| 序号 | 植物名称 | 学名 | 种类 | 科名 | 生态习性 | 观赏特性及园林用途 | 适用地区 |
|---|---|---|---|---|---|---|---|
| 97 | 丝绵木 | *Euonymus maackii* Rupr. -*E. Bungeanus* Maxim. | 落叶乔木 | 卫矛科 | 中性，耐寒，耐水湿，抗污染 | 枝叶秀丽，秋果红色；庭荫树，水边绿化 | 东北南部至长江流域 |
| 98 | 中华槭 | *Acer sinense* Pax | 落叶乔木 | 槭树科 | 好光，稍耐阴喜温凉湿润气候。欲排水良好土壤。怕水涝 | 花小绿白色，5月，观赏树种 | 湖北、湖南、两广、四川和贵州 |
| 99 | 白玉兰 | *Magnolia denudata* Desr. | 落叶乔木 | 木兰科 | 阳性树种，略耐阴较耐寒，喜湿润怕水淹 | 叶倒卵形，花先叶开放，色白芳香，花期3月 | 华东，华中各地 |
| 100 | 垂柳 | *Salix babylonica* L. | 落叶乔木 | 杨柳科 | 阳性，喜温暖及水湿，耐旱，速生 | 枝细长下垂；庭荫树，观赏树，护岸树 | 长江流域至华南地区 |

续表

| 序号 | 植物名称 | 学名 | 种类 | 科名 | 生态习性 | 观赏特性及园林用途 | 适用地区 |
|---|---|---|---|---|---|---|---|
| 101 | 涤柳 | *Salix matsudana* cv. Pendula | 落叶乔木 | 杨柳科 | 阳性，耐寒，耐湿，耐旱，速生 | 庭荫树，行道树，护岸树 | 东北，华北，西北，长江以南 |
| 102 | 黄连木 | *Pistacia chinensis* Bunge | 落叶乔木 | 漆树科 | 弱阳性，耐干旱瘠薄，抗污染 | 秋叶橙黄或红色；庭荫树，行道树 | 黄河流域以南各地 |
| 103 | 榉树 | *Zelkova schneideriana* | 落叶乔木 | 榆科 | 弱阳性，喜温暖，耐烟尘 | 树形优美，庭阴树，行道树，盆景 | 长江中下游地区至华南 |
| 104 | 龙爪柳 | *Salix matsudana* cv. Tortuosa | 落叶乔木 | 杨柳科 | 阳性，耐寒，生长势较弱，寿命短 | 枝条扭曲如龙游；庭荫树，观赏树 | 东北，华北，西北，华东 |
| 105 | 栾树 | *Koelreuteria paniculata* Laxm. | 落叶乔木 | 无患子科 | 阳性，较耐寒，耐干旱，抗烟尘 | 花金黄，6～7月；庭荫树，行道树，观赏树 | 我国北部，中部 |

续表

| 序号 | 植物名称 | 学名 | 种类 | 科名 | 生态习性 | 观赏特性及园林用途 | 适用地区 |
|---|---|---|---|---|---|---|---|
| 106 | 馒头柳 | *Salix matsudana* cv. Umbraculifera | 落叶乔木 | 杨柳科 | 阳性，耐寒，耐湿，耐旱，速生 | 树冠半球形；庭荫树，行道树，护岸树 | 东北，华北，西北，华东 |
| 107 | 三角枫 | *Acer buergerianum* Miq. | 落叶乔木 | 槭树科 | 弱阳性，喜温湿气候，较耐水湿 | 庭荫树，行道树护岸树，风景林 | 我国东部，华中及广东，贵州 |
| 108 | 三角槭 | *Acer buergerianum* Miq. | 落叶乔木 | 槭树科 | 好光，稍耐阴。喜温暖湿润的气候。酸中性土均能适应 | 庭阴树、行道树，密植形成绿篱 | 我国东部、华中及广东和贵州 |
| 109 | 山樱花 | *Cerasus serrulata* (Lindl.) G. Don ex Loudon-Prunus serrulata Lindl. | 落叶乔木 | 蔷薇科 | 喜光，耐寒，适应性强，但根系较浅，不耐水湿 | 花白色或粉红，花期4～5月，庭阴树行道树 | 长江流域和云南 |

续表

| 序号 | 植物名称 | 学名 | 种类 | 科名 | 生态习性 | 观赏特性及园林用途 | 适用地区 |
| --- | --- | --- | --- | --- | --- | --- | --- |
| 110 | 银杏 | *Ginkgo biloba* L. | 落叶乔木 | 银杏科 | 阳性，耐寒，耐干旱，抗多种有毒气体 | 秋叶黄色，庭荫树，行道树，孤植，对植 | 沈阳以南、华北至华南 |
| 111 | 元宝槭 | *Acer truncatum* Bunge | 落叶乔木 | 槭树科 | 中性，喜温凉气候，抗风，怕水涝 | 秋叶黄或红色；庭荫树，行道树，风景林 | 两广，两湖，四川，贵州 |
| 112 | 毛白杜鹃 | *Rhododendron mucronatum* (Blume) G. Don | 半常绿灌木 | 杜鹃花科 | 喜半荫温凉气候、酸性土壤，忌碱忌涝，较耐热，不耐寒 | 花白色芳香，花期4～5月，盆栽观赏 | 湖北，杭州 |
| 113 | 忍冬 | *Lonicera japonica* Thunb. | 半常绿灌木 | 忍冬科 | 喜阳也耐阴，耐寒性强，耐干旱和水湿，酸、碱土壤能适应 | 花冠由白变黄色，有香气，果浆球形黑色，遮阴和地被，盆景 | 我国南北大部 |

续表

| 序号 | 植物名称 | 学名 | 种类 | 科名 | 生态习性 | 观赏特性及园林用途 | 适用地区 |
|---|---|---|---|---|---|---|---|
| 114 | 胶州卫矛 | *Euonymus Kiautschovicus* Loes. | 半常绿灌木 | 卫矛科 | 喜阴湿环境，较耐寒，适合微酸性壤土、中性土 | 适宜老树旁、岩石边配置没，盆栽 | 我国东部和中部 |
| 115 | 木香花 | *Rosa banksiae* Ait. f. cv. Albo-plena | 半常绿灌木 | 蔷薇科 | 喜光，较耐寒，不畏热，忌水涝，耐修剪 | 花白色芳香，花期5～6月，棚架、山石、墙桓 | 我国西南部 |
| 116 | 郁香忍冬 | *Lonicera fragrantissima* Lindl. et Paxt. | 半常绿灌木 | 忍冬科 | 喜光也耐半阴，好肥沃湿润土壤。耐旱，忌涝 | 花白色带粉红斑纹，香气浓郁，2～3月，观赏树木 | 长江下游及河南、河北 |
| 117 | 一串红 | *Salvia splendens* Sellow ex Roem. et Schult. | 灌木 | 唇形科 | 喜温暖向阳，耐半阴，不耐霜冻。喜排水良好的肥沃土壤 | 花冠鲜红色，花坛，盆栽，花期7～10月 | 全国 |

续表

| 序号 | 植物名称 | 学名 | 种类 | 科名 | 生态习性 | 观赏特性及园林用途 | 适用地区 |
| --- | --- | --- | --- | --- | --- | --- | --- |
| 118 | 木绣球 | *Viburnum macrocephalum* Fort. f. *keteleeri* (Carr.) Rehd. | 落叶或半常绿灌木 | 忍冬科 | 喜光，稍耐阴，较耐寒，不耐涝，喜深厚肥沃砂质土壤 | 聚伞花序，色乳白，花期4～5月，观赏花木 | 南北各地 |
| 119 | 杠柳 | *Periploca sepium* Bunge | 蔓性灌木 | 萝藦科 | 喜阳光，耐干旱、水湿，适应性强，根系发达 | 固堤绿化植物 | 北部及长江流域各地 |
| 120 | 珊瑚豆 | *Solanum pseudo-capsicum* L. var *diflorum* (Vell.) Bitter | 小灌木 | 茄科 | 喜温暖向阳环境和排水良好的土壤，耐酷暑，耐寒性不强 | 花白，浆果橙红色或黄色，盆栽，花坛，花期夏秋 | 南方 |
| 121 | 扶芳藤 | *Euonymus fortunei* (Turcz.) Hand.-Mazz. | 常绿灌木 | 卫矛科 | 耐阴，不甚畏光，不甚耐寒、旱 | 绿叶紫果；攀附花格、墙面、山石、老树干 | 我国中、南部 |

续表

| 序号 | 植物名称 | 学名 | 种类 | 科名 | 生态习性 | 观赏特性及园林用途 | 适用地区 |
|---|---|---|---|---|---|---|---|
| 122 | 金银花 | *Lonicera japonica* Thunb. | 常绿灌木 | 忍冬科 | 喜光，也耐阴，耐寒，半常绿 | 花黄、白色，芳香，5～7月；攀缘小型棚架 | 华北至华南、西南 |
| 123 | 一品红 | *Euphorbia pulcherrima* Willd. ex Klotzsch | 常绿灌木 | 大戟科 | 喜高温及阳光充足空气流通环境，不耐寒，需排水良好土壤 | 花大鲜红色，另有白、粉红，花期12～2月，冬季盆花 | 北方地区 |
| 124 | 紫金牛 | *Ardisia japonica* (Thunb.) Blume | 常绿灌木 | 紫金牛科 | 喜温暖荫蔽和湿润的环境。要求通风、排水良好的土壤 | 花白色或淡粉红色，浆果鲜红色，5～6月，地被植物， | 西南及长江流域以南各地 |
| 125 | 八角金盘 | *Fatsia japonica* (Thunb.) Decne. et Planch. | 常绿灌木 | 五加科 | 强阴树种，喜温暖，畏酷热 | 叶大有光泽，花白，观叶树种 | 南北各地 |

续表

| 序号 | 植物名称 | 学名 | 种类 | 科名 | 生态习性 | 观赏特性及园林用途 | 适用地区 |
|---|---|---|---|---|---|---|---|
| 126 | 含笑 | *Michelia figo*(Lour.) Spreng. | 常绿灌木 | 木兰科 | 中性，喜温暖湿润气候及酸性土 | 花淡紫色，浓香，4～5月；庭园观赏，盆栽 | 长江以南地区 |
| 127 | 凤尾兰 | *Yucca gloriosa* L. | 常绿灌木 | 龙舌兰科 | 喜阳光，适应性强，耐寒，耐旱，耐土壤瘠薄 | 花自下而上次第开放，乳白色 | 全国各地 |
| 128 | 倒挂金钟 | *Fuchsia* X *hybrida* Hort. ex Vilm. | 常绿灌木 | 柳叶菜科 | 喜日照充足、冬暖夏凉、湿润的环境，忌炎热高温 | 叶卵状披针形，花有红到紫各色，盆栽 | 全国各地 |
| 129 | 虎刺 | *Pereskia aculeata* (Plum.) Mill. | 常绿灌木 | 仙人掌科 | 喜温暖、湿润环境，较耐阴，不耐寒冻，畏烈日曝晒 | 花色白或淡红，有香气，观叶盆栽 | 上海温室栽培 |

续表

| 序号 | 植物名称 | 学名 | 种类 | 科名 | 生态习性 | 观赏特性及园林用途 | 适用地区 |
|---|---|---|---|---|---|---|---|
| 130 | 花叶万年青 | *Dieffenbachia seguine* (Jacq.) Schott | 常绿灌木 | 天南星科 | 喜高温、高湿及半阴的环境，要求肥沃、疏松、排水良好和富含有机质的土壤 | 观叶植物 | 广东福建各地 |
| 131 | 阔叶十大功劳 | *Mahonia fortunei* (Lindl.) Fedde | 常绿灌木 | 小檗科 | 喜温暖能耐阴，喜湿润排水良好之土壤，耐寒性强 | 叶狭披针形，花小黄色，浆果圆形兰黑色，绿篱 | 长江流域各地 |
| 132 | 月季花 | *Rosa chinesis* Jacp. | 常绿灌木 | 蔷薇科 | 矮灌木，花期5～10月，花红至白色 | 花色艳丽，花坛、花镜、庭园、假山 | 长江流域以南地区 |

续表

| 序号 | 植物名称 | 学名 | 种类 | 科名 | 生态习性 | 观赏特性及园林用途 | 适用地区 |
| --- | --- | --- | --- | --- | --- | --- | --- |
| 133 | 变叶木 | *Codiaeun variegtum* (L.)Blume var. *Pictum* (Lodd.) Mull. Arg. | 常绿灌木 | 大戟科 | 喜高温湿润气候和光照充足环境 | 叶形和颜色变异很大由线形至椭圆形，观叶盆栽 | 南方 |
| 134 | 红千层 | *Callistemon rigidus* R. Br. | 常绿灌木 | 桃金娘科 | 喜温暖畏严寒 | 叶互生，新叶嫩红色，花期5～6月，观赏植物 | 福建广州等地 |
| 135 | 桂花 | *Osmanthus fragrans* Lour | 常绿灌木或小乔木 | 木犀科 | 阳性，喜温暖湿润气候。耐半阴，不耐严寒和干旱 | 花黄白色、浓香，9月；庭园观赏，盆栽 | 我国西南部。上海普遍栽培 |

续表

| 序号 | 植物名称 | 学名 | 种类 | 科名 | 生态习性 | 观赏特性及园林用途 | 适用地区 |
|---|---|---|---|---|---|---|---|
| 136 | 冬青卫矛 | *Euonymus japonicus* Thunb. | 常绿灌木或小乔木 | 卫矛科 | 喜光耐阴，要求湿润的海洋气候，以及排水良好、湿润肥沃的土壤。适应性强，较耐寒，耐干燥瘠薄 | 叶倒卵形，有光泽，花绿白色，花期 6～7 月，绿篱、盆栽 | 南方 |
| 137 | 红花夹竹桃 | *Nerium indicum* Mill | 常绿灌木或小乔木 | 夹竹桃科 | 喜光，喜温暖湿润气候，不耐寒，耐旱力强对土壤适应性强 | 花洋红色，有香气，观赏树种 | 上海等地区 |
| 138 | 西府海棠 | *Malus* X *micromalus* Mak. | 常绿灌木或小乔木 | 蔷薇科 | 喜光，不耐阴，喜温暖湿润气候，不耐寒，忌水涝 | 小枝紫色，花色如胭脂渐淡，花期 4 月，观赏花木 | 我国西南部 |

续表

| 序号 | 植物名称 | 学名 | 种类 | 科名 | 生态习性 | 观赏特性及园林用途 | 适用地区 |
| --- | --- | --- | --- | --- | --- | --- | --- |
| 139 | 夹竹桃 | *Nerium indicum* Mill. | 常绿小乔木或灌木 | 夹竹桃科 | 阳性，喜温暖湿润气候，抗污染 | 花粉红，5～10月，庭院观赏，花篱，盆栽 | 长江以南地区 |
| 140 | 南天竺 | *Nandina domestica* Thunb. | 常绿小乔木或灌木 | 小檗科 | 中性，耐阴，喜温暖湿润气候，耐寒 | 枝叶秀丽，秋冬红果；庭园观赏，丛植，盆栽 | 长江流域以南地区 |
| 141 | 枇杷 | *Eryobotrya japonica* (Thunb.) Lindl. | 常绿小乔木或灌木 | 蔷薇科 | 弱阳性，喜温暖湿润，不耐寒 | 叶大荫浓，初夏黄果；庭园观赏，果树 | 南方各地 |
| 142 | 大叶黄杨 | *Euonymus japonicus* Thunb. | 常绿小乔木或灌木 | 卫矛科 | 中性，喜温湿气候，抗有毒气体，较耐寒，耐修剪 | 观叶；绿篱，基础种植，丛植，盆栽 | 全国各地 |

续表

| 序号 | 植物名称 | 学名 | 种类 | 科名 | 生态习性 | 观赏特性及园林用途 | 适用地区 |
|---|---|---|---|---|---|---|---|
| 143 | 黄杨 | *Buxus sinica* (Rehd. et Wils.) Cheng ex M. Cheng | 常绿小乔木或灌木 | 黄杨科 | 中性，抗污染，耐修剪，生长慢 | 枝叶细蜜；庭园观赏，丛植，绿篱，盆栽 | 陕西、山东、江苏、安徽、浙江、江西、两广、四川 |
| 144 | 腊梅 | *Chimonanthus praecox* (L.) Link | 落叶丛生灌木 | 蜡梅科 | 阳性，喜温暖，耐干旱，忌水湿 | 花黄色，浓香，11～3月；庭园观赏，果树 | 华北南部至长江流域 |
| 145 | 金叶女贞 | *Ligustrum quihoui* Carr. | 落叶灌木 | 木犀科 | 喜光；稍耐阴，较耐寒，抗有毒气体 | 绿篱，庭园栽植观赏，宅院 | 我国中部、东部、西南部 |
| 146 | 野蔷薇 | *Rosa multiflora* Thunb. | 落叶灌木 | 蔷薇科 | 喜光而耐半荫，好肥也能耐瘠薄，不耐水涝 | 花多，白或粉红色，果红色，花期5～6月，花篱或丛栽 | 华东和河南 |

续表

| 序号 | 植物名称 | 学名 | 种类 | 科名 | 生态习性 | 观赏特性及园林用途 | 适用地区 |
|---|---|---|---|---|---|---|---|
| 147 | 枸杞 | *Lycium chinense* Mill | 落叶灌木 | 茄科 | 阳性，耐寒，耐干旱，忌水湿 | 花淡紫色，浆果红色，花期5～10月 | 东北、华东、中南 |
| 148 | 紫叶小檗 | *Berberis thumbergii* f. *atropurpurea* Rehd. | 落叶灌木 | 小檗科 | 喜光，稍耐阴，耐寒，对土壤要求不严，而以在肥沃而排水良好之沙质壤土上生长最好 | 叶深紫色，春季开小黄花，盆栽观赏 | 全国各地 |
| 149 | 绣球 | *Hydrangea macrophylla*（Thunb.）Ser. | 落叶灌木 | 虎耳草科 | 喜温暖湿润的半荫环境 | 边花绿白色、水红色或紫兰色，花期6～7月，盆栽观赏 | 长江流域 |

续表

| 序号 | 植物名称 | 学名 | 种类 | 科名 | 生态习性 | 观赏特性及园林用途 | 适用地区 |
|---|---|---|---|---|---|---|---|
| 150 | 五加 | *Eleutherococcus gracilistylus* (W. W. Sm.) S. Y. Hu -*Acanthopanax gracilistylus* W. Sm. | 落叶灌木 | 五加科 | 喜温暖湿润的环境及深厚肥沃的土壤。耐阴、耐寒，不耐水涝 | 花小黄绿色，浆果黑色，配植树丛林缘和假山旁 | 四川、云南以东，陕西以南、山西 |
| 151 | 西洋山梅花 | *Philadelphus coronarius* L. | 落叶灌木 | 虎耳草科 | 喜温暖湿润、半荫环境。较耐寒，怕水涝。要求缓坡排水良好而肥沃的土壤。忌曝晒或过于干燥的瘠薄土壤 | 花乳白色芳香，花期 5～6 月，观赏花木 | 上海等南方各地 |

续表

| 序号 | 植物名称 | 学名 | 种类 | 科名 | 生态习性 | 观赏特性及园林用途 | 适用地区 |
|---|---|---|---|---|---|---|---|
| 152 | 马褂木 | *liriodendron chinense* (Hemsl.) Sarg. | 落叶乔木 | 木兰科 | 喜温暖潮湿、避风的环境，耐寒性强，忌高温 | 叶形似马褂，花黄绿色，庭阴树和林阴树 | 长江以南各地 |
| 153 | 红叶李 | *Prunus cerasifera Ehrh*. cv. Atropurpurea Jacq. | 落叶小乔木 | 蔷薇科 | 喜光树种耐半荫，畏严寒，喜温暖湿润 | 叶紫红色，建筑物前、园路旁、草坪角隅处 | 亚洲西南部 |
| 154 | 八角枫 | *Alangium chinense* (Lour.) Harms | 落叶小乔木 | 八角枫科 | 喜光而稍耐阴，要求排水良好、湿润肥沃土壤 | 叶卵形，花黄白色，观赏树木 | 华东，华中，华南，西南 |
| 155 | 红碧桃 | *Prunus persica* f. *rubro-dianthiflora* Schneid. | 落叶小乔木 | 蔷薇科 | 喜光，耐旱，不耐水湿 | 花红色，山坡、水畔、石旁、庭园、草坪 | 华北、华中、西南 |

续表

| 序号 | 植物名称 | 学名 | 种类 | 科名 | 生态习性 | 观赏特性及园林用途 | 适用地区 |
| --- | --- | --- | --- | --- | --- | --- | --- |
| 156 | 红梅 | *Armeniaca mume* cv. Rubriflora | 落叶小乔木 | 蔷薇科 | 喜光，稍耐阴，好温暖湿润气候 | 花粉红色，花期1～2月，盆栽桩景 | 我国广泛栽培 |
| 157 | 碧桃 | *Amygdalus persica* cv. Duplex | 落叶小乔木 | 蔷薇科 | 阳性，耐干旱，耐高温，不耐水湿 | 花粉红，重瓣，3～4月；庭植，片植，列植 | 中部，北部 |
| 158 | 寿星桃 | *Amygdalus persica* cv. Densa | 落叶小乔木 | 蔷薇科 | 喜光，耐旱，耐夏季高温，较耐寒，不耐水淹 | 树形矮小，枝粗叶密，花红或白色，花期3～4月，观赏花木 | 南方等地 |
| 159 | 暴马丁香 | *Syringa reticulata* (BI.) Hara var. *Mandshurica* | 落叶小乔木或灌木 | 木犀科 | 阳性，耐寒，喜湿润土壤 | 花白色，6月；庭园观赏，庭荫树，园路树 | 东北，华北，西北 |

续表

| 序号 | 植物名称 | 学名 | 种类 | 科名 | 生态习性 | 观赏特性及园林用途 | 适用地区 |
|---|---|---|---|---|---|---|---|
| 160 | 柽柳 | *Tamarix chinensis* Lour. | 落叶小乔木或灌木 | 柽柳科 | 喜光，不耐蔽荫，好潮湿，抗干旱和炎热气候，稍耐盐碱 | 花粉红色，5～8月；庭园观赏，绿篱 | 华北至华南、东北 |
| 161 | 垂丝海棠 | *Malus halliana* (Voss) Koehne | 落叶小乔木或灌木 | 蔷薇科 | 阳性，不耐阴，喜温暖湿润，耐寒性不强，忌水涝 | 花鲜玫瑰红色，4～5月；庭园观赏，丛植 | 华北南部至长江流域 |
| 162 | 垂枝桃 | *Amygdalus persica* cv. Pendula | 落叶小乔木或灌木 | 蔷薇科 | 喜光，耐寒，耐旱，耐高温，不耐水涝 | 枝下垂，花有白、淡红、深红、撒金 | 中部，北部 |
| 163 | 棣棠 | *Kerria japonica* (L.) DC. | 落叶小乔木或灌木 | 蔷薇科 | 喜温暖，耐阴，耐湿，耐寒性较差 | 花金黄，4～5月，枝干绿色；丛植，花篱 | 华北至华南、西南 |

续表

| 序号 | 植物名称 | 学名 | 种类 | 科名 | 生态习性 | 观赏特性及园林用途 | 适用地区 |
|---|---|---|---|---|---|---|---|
| 164 | 丁香 | *Syringa oblata* Lindl | 落叶小乔木或灌木 | 木犀科 | 弱阳性，耐寒，耐旱，忌低湿 | 花紫色，香，4～5月；庭园观赏，草坪丛植 | 东北南部，华北，西北 |
| 165 | 杜鹃 | *Rhododendron simsii* Planch. | 落叶小乔木或灌木 | 杜鹃花科 | 中性，喜温湿气候及酸性土 | 花深红色，4～6月；庭园观赏，盆栽 | 长江流域及以南地区 |
| 166 | 粉花绣线菊 | *Spiraea japonica* L. f. | 落叶小乔木或灌木 | 蔷薇科 | 阳性，喜温暖气候，较耐寒，梢耐阴 | 花粉红花，6～7月；庭园观赏，丛植 | 华东地区 |
| 167 | 海棠花 | *Malus spectabilis* (Ait.) Borkh. | 落叶小乔木或灌木 | 蔷薇科 | 喜光，不耐阴，喜温暖湿润气候，不耐寒，忌水涝 | 花粉红，单或重瓣，4月；庭园观赏 | 我国秦岭以南各地 |

续表

| 序号 | 植物名称 | 学名 | 种类 | 科名 | 生态习性 | 观赏特性及园林用途 | 适用地区 |
|---|---|---|---|---|---|---|---|
| 168 | 海州常山 | *Clerodendrum trichotomum* Thunb. | 落叶小乔木或灌木 | 马鞭草科 | 喜凉爽、湿润、向阳的环境，适应性强 | 白花，6～10月；紫萼蓝果，9～11月；庭植 | 华北至长江流域 |
| 169 | 胡枝子 | *Lespedeza bicolor* Turcz. | 落叶小乔木或灌木 | 豆科 | 中性，耐寒，耐干旱瘠薄，但喜肥沃土壤和湿润气候 | 花紫红，8月庭园观赏，护坡，林带下木 | 东北至黄河流域 |
| 170 | 花椒 | *Zanthoxylum bungeanum* Maxim. | 落叶小乔木或灌木 | 芸香科 | 阳性，喜温暖气候，不耐严寒 | 丛植，刺篱 | 华北、西北至华南 |
| 171 | 黄刺玫 | *Rosa xanthina* Lindl. | 落叶小乔木或灌木 | 蔷薇科 | 性强健，喜光，耐寒，耐旱，耐贫薄，少病虫害 | 花黄色，4～5月；庭园观赏，丛植，花篱 | 东北、华北至西北 |

续表

| 序号 | 植物名称 | 学名 | 种类 | 科名 | 生态习性 | 观赏特性及园林用途 | 适用地区 |
|---|---|---|---|---|---|---|---|
| 172 | 黄栌 | *Cotinus coggygria* Scop. | 落叶小乔木或灌木 | 漆树科 | 中性，喜温暖气候，耐寒，耐干旱，不耐水湿 | 霜叶红艳美丽；庭园观赏，片植，风景林 | 华北、西南和浙江 |
| 173 | 火棘 | *Pyracantha fortuneana* (Maxim.) Li | 落叶小乔木或灌木 | 蔷薇科 | 阳性，喜温暖湿润气候，不耐寒 | 春白花，秋冬红果；基础种植，岩石园 | 华东、华中、西南 |
| 174 | 接骨木 | *Sambucus williamsii* Hance | 落叶小乔木或灌木 | 忍冬科 | 喜光，稍耐阴，喜肥沃疏松沙质土壤，较耐寒、耐旱 | 花小，白色，4～5月，秋果红色；庭园观赏 | 南北各地 |
| 175 | 连翘 | *Forsythia suspensa* (thunb.) Vahl | 落叶小乔木或灌木 | 木犀科 | 阳性，耐寒，耐干旱，怕涝 | 花黄色，3～4月叶前开放；庭园观赏，丛植 | 北部、中部及东北 |

续表

| 序号 | 植物名称 | 学名 | 种类 | 科名 | 生态习性 | 观赏特性及园林用途 | 适用地区 |
|---|---|---|---|---|---|---|---|
| 176 | 麻叶绣线菊 | *Spiraea cantoniensis* Lour. | 落叶小乔木或灌木 | 蔷薇科 | 中性，喜温暖气候 | 花小，白色美丽，4 月；庭园观赏，丛植 | 东北南部、华北至华南 |
| 177 | 木槿 | *Hibiscus syriacus* L. | 落叶小乔木或灌木 | 锦葵科 | 阳性，喜水湿土壤，较耐寒，耐旱耐修剪，抗污染 | 花淡紫、白、粉红，7～9 月；丛植，花篱 | 我国中部地区 |
| 178 | 山桃 | *Prunus davidiana* (Carr.) Franch | 落叶小乔木或灌木 | 蔷薇科 | 阳性，耐寒，耐干旱，耐碱土 | 花淡粉，白，3～4 月；庭园观赏，片植 | 黄河流域各地，西南 |
| 179 | 贴梗海棠 | *Chaenomeles speciosa* (Sweet) Nakai | 落叶小乔木或灌木 | 蔷薇科 | 阳性，喜温暖气候，较耐寒 | 花粉、红，4 月，秋果黄色；庭园观赏 | 东部及中、南部 |

续表

| 序号 | 植物名称 | 学名 | 种类 | 科名 | 生态习性 | 观赏特性及园林用途 | 适用地区 |
|---|---|---|---|---|---|---|---|
| 180 | 文冠果 | *Xanthoceras sorbifolia* Bunge | 落叶小乔木或灌木 | 无患子科 | 中性,耐寒和干旱,不耐涝 | 花白色,4～5月;庭园观赏,丛植,列植 | 东北南部,华北,西北 |
| 181 | 樱花 | *Cerasus serrulata* (Lindl.) G. Don ex Loudon -Prunus serrulata Lindl. | 落叶小乔木或灌木 | 蔷薇科 | 阳性,较耐寒,不耐烟尘和毒气 | 花粉白,4月;庭园观赏,丛植,行道树 | 长江流域和云南 |
| 182 | 樱桃 | *Cerasus pseudocerasus* (Lindl.) G. Don ex Loudon -Prunus pseudocerasus Lindl. | 落叶小乔木或灌木 | 蔷薇科 | 喜光,耐寒,喜温暖湿润的气候,喜肥沃而排水良好的沙质土壤,耐瘠薄干燥 | 花先叶开放,白色,核果红色,3～4月, | 我国中部 |
| 183 | 迎春 | *Jasminum nudiflorum* Lindl. | 落叶小乔木或灌木 | 木犀科 | 性喜光,稍耐阴,较耐寒,喜温湿 | 花黄色,早春叶前开放;庭园观赏,丛植 | 华北至长江流域 |

续表

| 序号 | 植物名称 | 学名 | 种类 | 科名 | 生态习性 | 观赏特性及园林用途 | 适用地区 |
| --- | --- | --- | --- | --- | --- | --- | --- |
| 184 | 榆叶梅 | *Amygdalus triloba* (Lindl.) Ricker-Prunus triloba Lindl. | 落叶小乔木或灌木 | 蔷薇科 | 弱阳性，耐寒，耐干旱 | 花粉、红、紫，4月；庭园观赏，丛植，列植 | 东北南部，华北，西北 |
| 185 | 珍珠梅 | *Sorbaria kirilowii* (Regel) Maxim. | 落叶小乔木或灌木 | 蔷薇科 | 耐阴，耐寒，对土壤要求不严 | 花小白色，6～8月；庭园观赏，丛植，花篱 | 华北 |
| 186 | 紫荆 | *Cercis chinensis* Bunge | 落叶小乔木或灌木 | 豆科 | 阳性，耐干旱瘠薄，不耐涝 | 花紫红，3～4月叶前开放；庭园观赏，丛植 | 华中、华东、华南各地 |
| 187 | 紫穗槐 | *Amorpha fruticosa* L. | 落叶小乔木或灌木 | 豆科 | 阳性，耐水湿，干瘠和轻盐碱土 | 花暗紫，5～6月；护坡固堤，林带下木 | 上海栽培 |

续表

| 序号 | 植物名称 | 学名 | 种类 | 科名 | 生态习性 | 观赏特性及园林用途 | 适用地区 |
|---|---|---|---|---|---|---|---|
| 188 | 紫薇 | *Lagerstroemia indica* L. | 落叶小乔木或灌木 | 千屈菜科 | 喜光稍耐阴，耐旱，忌湿涝 | 花紫、红，7～9月；庭园观赏，园路树 | 我国中、南部 |
| 189 | 紫叶李 | *Prunus cerasifera* Ehrh. cv. Atropurpurea | 落叶小乔木或灌木 | 蔷薇科 | 弱阳性，喜温暖气候，较耐寒 | 叶紫红色，花淡粉红，3～4月；庭园点缀 | 上海栽培 |
| 190 | 平枝栒子 | *Cotoneaster horizontalis* Decne. | 落叶小乔木或灌木 | 蔷薇科 | 喜凉爽和半阴环境，耐寒，适应性强 | 匍匐状，秋冬红果；基础种植，岩石园 | 华北、西北至长江流域 |
| 191 | 石榴 | *Punica granatum* L. | 落叶小乔木或灌木 | 石榴科 | 喜温暖、湿润，畏风、寒，好光，耐旱 | 花红色，5～6月，果红色；庭园观赏，果树 | 北方各地 |

续表

| 序号 | 植物名称 | 学名 | 种类 | 科名 | 生态习性 | 观赏特性及园林用途 | 适用地区 |
|---|---|---|---|---|---|---|---|
| 192 | 无花果 | *Ficus carica* L. | 落叶小乔木或灌木 | 桑科 | 中性，喜温暖气候，不耐寒 | 庭园观赏，盆栽 | 长江流域及其以南地区 |
| 193 | 小檗 | *Berberis thunbergii* DC. | 落叶小乔木或灌木 | 小檗科 | 中性，耐寒，耐高温、干旱，耐修剪 | 花淡黄，5月，秋果红色；庭园观赏，绿篱 | 上海栽培 |
| 194 | 锦带花 | *Weigela florida* (Bunge) A. DC. | 落叶小乔木或灌木 | 忍冬科 | 阳性，也耐阴，耐寒，耐干旱，怕涝 | 花玫瑰红色，4～5月；庭园观赏，草坪丛植 | 东北，华北 |
| 195 | 紫玉兰 | *Magnolia liliflora* Desr. | 落叶小乔木或灌木 | 木兰科 | 阳性，喜温暖，较耐严寒，不耐阴，怕水淹 | 花大紫色，4～5月；庭园观赏，丛植 | 我国湖北和云南 |

续表

| 序号 | 植物名称 | 学名 | 种类 | 科名 | 生态习性 | 观赏特性及园林用途 | 适用地区 |
|---|---|---|---|---|---|---|---|
| 196 | 山楂 | *Crataegus pinnatifida* Bunge | 落叶小乔木或灌木 | 蔷薇科 | 弱阳性，耐寒，耐干旱瘠薄土壤，忌水涝 | 春白花，秋红果；庭园观赏，园路树，果树 | 东北、华北及华东北部 |
| 197 | 鸡爪槭 | *Acer palmatum* Thunb. | 落叶小乔木或灌木 | 槭树科 | 中性，喜温暖气候，不耐寒 | 叶形秀丽，秋叶红色；庭园观赏，盆栽 | 华北南部至长江流域 |
| 198 | 结香 | *Edgeworthia chrysantha* Lindl. | 落叶小乔木或灌木 | 瑞香科 | 喜半阴，也耐日晒，根肉质，怕水涝 | 花黄色，芳香，3～4月叶前开放；庭园观赏 | 长江流域各地 |
| 199 | 金银木 | *Lonicera maackii* (Rupr.) Maxim. | 落叶小乔木或灌木 | 忍冬科 | 好光，稍耐阴，耐寒，耐干旱，萌蘖性强 | 花白、黄色，5～7月，秋果红色；庭园观赏 | 南北各地 |

续表

| 序号 | 植物名称 | 学名 | 种类 | 科名 | 生态习性 | 观赏特性及园林用途 | 适用地区 |
|---|---|---|---|---|---|---|---|
| 200 | 锦鸡儿 | *Caragana sinica* (Buchoz) Rehd. -C. chamlagu Lam. | 落叶小乔木或灌木 | 豆科 | 中性，耐寒，耐干旱瘠薄 | 花橙黄，4月；庭园观赏，岩石园，盆景 | 华北至长江流域 |
| 201 | 木瓜 | *Chaenomeles sinensis* (Thouin) Koehne | 落叶小乔木或灌木 | 蔷薇科 | 阳性，喜温暖，不耐低湿和盐碱土，耐寒，耐旱 | 花粉红，4～5月；秋果黄色；庭园观赏 | 长江流域至华南 |
| 202 | 天目琼花 | *Viburnurm opulus* L. var. *Sieboldii* (Koehne) Takeda | 落叶小乔木或灌木 | 忍冬科 | 中性，耐寒性强 | 花白色，5～6月，秋果红色，庭植观花观果 | 华东、华北、西北及湖北、四川 |
| 203 | 野茉莉 | *Styrax japonica* Sieb. et Zucc. | 落叶小乔木或灌木 | 安息香科 | 喜光，稍耐阴。耐干燥、瘠薄，不耐水淹。对土壤适应性强 | 花白色，花期5月，观赏树种 | 长江流域 |

续表

| 序号 | 植物名称 | 学名 | 种类 | 科名 | 生态习性 | 观赏特性及园林用途 | 适用地区 |
|---|---|---|---|---|---|---|---|
| 204 | 玉兰 | *Magnolia denudata* Desr. | 落叶小乔木或灌木 | 木兰科 | 阳性，稍耐阴，颇耐寒，怕积水 | 花大洁白，3～4 月；庭园观赏，对植，列植 | 我国东部和中部 |
| 205 | 郁李 | *Cerasus japonica* (Thunb.) Loisel.-*Prunus japonica* Thunb. | 落叶小乔木或灌木 | 蔷薇科 | 阳性，耐寒，耐干旱 | 花粉、白，4 月，果红色；庭园观赏，丛植 | 我国中部各地 |
| 206 | 月季 | *Rosa chinensis* Jacq. | 落叶小乔木或灌木 | 蔷薇科 | 喜光，好湿润、肥沃土壤，较耐寒，忌荫蔽 | 花红、紫，5～10 月；庭园观赏，丛植，盆栽 | 东北南部至华南、西南 |
| 207 | 枣 | *Zizyphus jujuba* Mill. | 落叶小乔木或灌木 | 鼠李科 | 喜光，好干燥气候，耐热，不耐水涝，能耐盐碱 | 花小黄绿色，果紫红色，5～6 月，庭荫树 | 黄河流域、淮河流域各地 |

续表

| 序号 | 植物名称 | 学名 | 种类 | 科名 | 生态习性 | 观赏特性及园林用途 | 适用地区 |
|---|---|---|---|---|---|---|---|
| 208 | 红瑞木 | *Swida alba* (L.) Opiz - *Cornus alba* L. | 落叶小乔木及灌木 | 山茱萸科 | 中性，耐寒，耐湿，也耐干旱 | 茎枝红色美丽，果白色；庭园观赏，草坪丛植 | 东北，华北 |
| 209 | 小叶女贞 | *Ligustrum quihoui* Carr. | 落叶小乔木及灌木 | 木犀科 | 中性，喜温暖气候，较耐寒 | 花小，白色，5～7月；庭园观赏，绿篱 | 华北至长江流域 |
| 210 | 牡丹 | *Paeonia suffruticosa* Andr. | 落叶小乔木及灌木 | 芍药科 | 中性，耐寒，要求排水良好土壤 | 花白、粉、红、紫，4～5月；庭园观赏 | 华北，西北，长江流域 |
| 211 | 玫瑰 | *Rosa rugosa* Thunb. | 落叶小乔木及灌木 | 蔷薇科 | 阳性，耐寒，耐干旱，不耐积水 | 花紫红，5月；庭园观赏，丛植，花篱 | 东北、华北至长江流域 |

续表

| 序号 | 植物名称 | 学名 | 种类 | 科名 | 生态习性 | 观赏特性及园林用途 | 适用地区 |
|---|---|---|---|---|---|---|---|
| 212 | 中华常春藤 | *Hedera nepalensis* var. *Sinensis* | 常绿藤木 | 五加科 | 性极耐阴，有一定的耐寒性，对土壤和水分要求不高，喜酸性土壤 | 绿叶常青；攀缘墙垣、山石等 | 华中、华南、西南及甘肃、陕西 |
| 213 | 薜荔 | *Ficus pumila* L. | 常绿藤木 | 桑科 | 耐阴，喜温暖气候，不耐寒，常绿 | 绿叶常青；攀缘山石、墙垣、树干等 | 长江流域及以南地区 |
| 214 | 中华猕猴桃 | *Actinidia chinensis* Planch. | 落叶藤本 | 猕猴桃科 | 落叶木质藤本，喜阳光，稍耐阴，较耐寒 | 花色由白转淡黄色，有香味，浆果褐绿色，5～6 月，棚架绿化材料 | 长江流域及河南及西北地区 |

续表

| 序号 | 植物名称 | 学名 | 种类 | 科名 | 生态习性 | 观赏特性及园林用途 | 适用地区 |
|---|---|---|---|---|---|---|---|
| 215 | 葡萄 | *Vitis vinifera* L. | 落叶藤本 | 葡萄科 | 阳性，耐干旱，怕涝 | 果紫红或黄白，8～9月；攀缘棚架、栅篱等 | 华北、西北，长江流域 |
| 216 | 五叶地锦 | *Parthenocissus quinquefolia*（L.）Planch. | 落叶藤木 | 葡萄科 | 耐阴，耐寒，喜温湿气候 | 秋叶红、橙色；攀缘墙面、山石、栅篱等 | 华东、华中和辽宁吉林陕西广东广西四川贵州 |
| 217 | 爬山虎 | *Parthenocissus tricuspidata*（Sieb. et Zucc.）Planch. | 落叶藤木 | 葡萄科 | 耐阴、耐寒、适应性强，落叶 | 秋叶红、橙色；攀缘墙面、山石、树干等 | 东北南部至华南 |
| 218 | 多花紫藤 | *Wisteria floribunda*（Willd.）DC. | 落叶藤木 | 豆科 | 阳性，耐干旱，畏水涝，主根深，侧根浅 | 花紫色，4月；攀缘棚架、枯树，盆栽 | 长江流域及以南地区 |

续表

| 序号 | 植物名称 | 学名 | 种类 | 科名 | 生态习性 | 观赏特性及园林用途 | 适用地区 |
| --- | --- | --- | --- | --- | --- | --- | --- |
| 219 | 南蛇藤 | *Celastrus orbiculatus* Thunb. | 落叶藤木 | 卫矛科 | 中性，耐寒，性强健 | 秋叶红、黄色；攀缘棚架、墙垣等 | 东北、华北至长江流域 |
| 220 | 紫藤 | *Wisteria sinensis* (Sims) Sweet | 落叶藤木 | 豆科 | 喜光，耐干旱，畏水淹 | 花堇紫色，4月；攀缘棚架、枯树等 | 华北、长江流域以南各地 |
| 221 | 牵牛 | *Pharbitis nil* (L.) Choisy | 藤本 | 旋花科 | 喜温暖、向阳环境，不耐霜冻。耐干旱，耐瘠薄土壤 | 花色有紫、蓝、红、白，花期春夏，棚架、盆栽 | 全国各地 |
| 222 | 龟背竹 | *Monstera deliciosa* Liebm. | 藤本 | 天南星科 | 喜温暖、湿润、半阴环境，忌直射光，不耐寒 | 叶大，深绿色，有菠萝香味，室内观叶植物 | 温室盆栽 |

续表

| 序号 | 植物名称 | 学名 | 种类 | 科名 | 生态习性 | 观赏特性及园林用途 | 适用地区 |
|---|---|---|---|---|---|---|---|
| 223 | 绿萝 | *Epipremnum pinnatum* (L.) Engl. et Krause cv. Aureum | 藤本 | 天南星科 | 喜温暖、湿润的环境。耐半阴。要求肥沃、疏松、排水良好的土壤 | 叶卵形，绿色有光泽，观叶、图腾柱 | 温室栽培 |
| 224 | 粉花凌宵 | *Pandorea jasminoides* (Lindl.) K. Schum. | 藤本 | 紫葳科 | 喜温暖湿润气候，不耐寒，稍耐轻霜。温室栽培中温暖向阳通风的环境。 | 花冠漏斗状，白色，花期7～10月，属优良盆花 | 南方 |
| 225 | 常春藤 | *Hedera nepalensis* C. Koch var. *Sinensis* (Tobl.) Rehd. | 藤木 | 五加科 | 阳性，喜温暖，不耐寒，常绿 | 绿叶长青；攀缘墙垣、山石，盆栽 | 秦岭以南地区 |

续表

| 序号 | 植物名称 | 学名 | 种类 | 科名 | 生态习性 | 观赏特性及园林用途 | 适用地区 |
|---|---|---|---|---|---|---|---|
| 226 | 凌霄 | *Campsis grandiflora* (Thunb.)K. Schum. | 藤木 | 紫葳科 | 中性，喜温暖，稍耐旱，落叶 | 花橘红、红色，6～9月；攀缘墙垣、山石等 | 华东、中及河北、南、陕西、两广 |
| 227 | 斑竹 | *Phyllostachys bambusoides* f. *tanakae* Makino ex Tsuboi | 竹类 | 禾本科 | 阳性，喜温暖湿润气候，稍耐寒 | 竹秆有紫褐色斑；庭园观赏 | 江苏、浙江，四川，两广北部，河南、河北 |
| 228 | 粉绿竹 | *Phyllostachys. glauca* McClure | 竹类 | 禾本科 | 耐寒，亦耐阴，忌积水 | 秆灰绿色；庭园观赏 | 长江流域及以南地区 |
| 229 | 毛竹 | *Phyllostachys heterocycla* (Carr.) Mitf. | 竹类 | 禾本科 | 阳性，喜温暖湿润气候，不耐寒 | 秆散生，高大；庭园观赏，风景林 | 长江以南地区 |

续表

| 序号 | 植物名称 | 学名 | 种类 | 科名 | 生态习性 | 观赏特性及园林用途 | 适用地区 |
| --- | --- | --- | --- | --- | --- | --- | --- |
| 230 | 文竹 | *Asparagus setaceus* (Kunth) Jessop -A. plumosus Bak. | 竹类 | 百合科 | 不耐寒、不耐干旱，喜半阴湿润环境和排水良好、肥沃、疏松的沙质壤土 | 茎细长，丛生，观叶盆栽 | 全国各地 |
| 231 | 早园竹 | *Phyllostachys propinqua* McClure | 竹类 | 禾本科 | 阳性，喜温暖湿润气候，较耐寒 | 枝叶青翠；庭园观赏 | 华北至长江流域 |
| 232 | 罗汉竹 | *Phyllostachys aurea* Carr. ex A. Riviere et C. Riviere | 竹类 | 禾本科 | 阳性，喜温暖湿润气候，稍耐寒忌水涝 | 竹秆下部节间肿胀或节环交互歪斜；庭园观赏 | 长江中、下游 |
| 233 | 水葱 | *Scirpus juncoides* Roxb. | 水生植物 | 莎草科 | 耐霜寒、喜冷凉气候 | 秆高大、直立花果期6～9月 | 全国各地 |

续表

| 序号 | 植物名称 | 学名 | 种类 | 科名 | 生态习性 | 观赏特性及园林用途 | 适用地区 |
|---|---|---|---|---|---|---|---|
| 234 | 睡莲 | *Nyphaea tetragona* Georgi | 水生植物 | 睡莲科 | 耐寒,喜强光与温暖环境 | 花白色,浆果球形,群花期5～10月,水景材料或观赏花卉 | 我国南北各地 |
| 235 | 白睡莲 | *Nymphaea alba* L. | 水生植物 | 睡莲科 | 耐寒性强,喜强光、温暖环境 | 叶圆形,亮绿,群花期5～10月,作水景观赏花卉 | 南北各地 |
| 236 | 荷花 | *Nelumbo nucifera* Gaertn. | 水生植物 | 睡莲科 | 喜光,喜肥沃塘泥 | 花有白、淡红、深红,花期6～8月,水景,观赏 | 南北各地 |

续表

| 序号 | 植物名称 | 学名 | 种类 | 科名 | 生态习性 | 观赏特性及园林用途 | 适用地区 |
|---|---|---|---|---|---|---|---|
| 237 | 宽叶香蒲 | *Typha latifolia* L. | 水生植物 | 香蒲科 | 喜温暖、向阳、湿润，较耐寒，适应强，生于沼泽，浅滩 | 叶宽剑形，花密集黄褐色，挺水观叶植物 | 全国各地 |
| 238 | 半枝莲 | *Portulaca grandiflora* Hook. | 一、二年生花卉 | 马齿苋科 | 阳性，耐旱喜肥，要求通风好 | 花色变化丰富，5～10 月；花坛，花境，切花 | 全国各地 |
| 239 | 大花马齿苋 | *Portulaca grandiflora* Hook. | 一、二年生花卉 | 马齿苋科 | 喜温暖、向阳通风环境，耐干旱，适应性强，能自播繁衍。 | 叶圆柱形，花冠有白、黄、红、紫、粉红、橘黄 | 全国各地 |
| 240 | 飞燕草 | *Consolida ambigua* (L.) P. W. Ball et Heyw. -Delphiniumm ajacis auct. non L. | 一、二年生花卉 | 毛茛科 | 阳性，喜高燥凉爽，忌涝，耐寒，直根性 | 叶秀花繁，多黄色，5～6 月，花带，丛植 | 全国各地 |

续表

| 序号 | 植物名称 | 学名 | 种类 | 科名 | 生态习性 | 观赏特性及园林用途 | 适用地区 |
|---|---|---|---|---|---|---|---|
| 241 | 风铃草 | *Campanula medium* L. | 一、二年生花卉 | 桔梗科 | 喜冬暖夏凉的气候,不耐炎热。宜疏松、肥沃、排水良好的沙质壤土 | 花冠有蓝紫、淡红、白色,张开如蝶,花期6～7月,盆栽 | 全国各地 |
| 242 | 锦紫苏 | *Coleus* X *hybridus* Voss | 一、二年生花卉 | 唇形科 | 喜温暖向阳,要求湿润、肥沃、疏松的沙质土。不耐寒 | 叶卵形另狭叶型,叶红紫黄,花淡兰或白色,观叶 | 全国各地 |
| 243 | 毛地黄 | *Digitalis purpurea* L. | 一、二年生花卉 | 玄参科 | 耐寒,耐旱,耐半阴,喜富含有机质的土壤 | 花冠筒状紫红色、白、黄、淡红5～6月,花镜、盆花 | 全国各地 |

续表

| 序号 | 植物名称 | 学名 | 种类 | 科名 | 生态习性 | 观赏特性及园林用途 | 适用地区 |
|---|---|---|---|---|---|---|---|
| 244 | 三色苋 | *Amaranthus tricolor* L cv. Splendens | 一、二年生花卉 | 苋科 | 喜湿润向阳的环境，耐旱，耐碱，不耐寒 | 秋天梢叶艳丽，宜丛植，花坛中心，绿篱 | 全国各地 |
| 245 | 五色苋 | *Alternanthera ficoidea* (L.) R. Br. ex Roem. et Schult cv. Bettzickiana | 一、二年生花卉 | 苋科 | 阳性，喜暖畏寒，宜高燥，耐修剪 | 株丛紧密，叶小，叶色美丽；毛毡花坛材料 | 全国各地 |
| 246 | 虞美人 | *Papaver rhoeas* L. | 一、二年生花卉 | 罂粟科 | 阳性，喜干燥，忌湿热，直根性 | 艳丽多采，6月；宜花坛，花丛，花群 | 全国各地 |
| 247 | 羽叶茑萝 | *Quamoclit pennata* (Desr.) Bojer | 一、二年生花卉 | 旋花科 | 阳性，喜温暖，不耐霜冻，直根蔓性 | 花红、粉、白色，夏秋；宜矮篱，棚架，地被 | 全国各地 |

续表

| 序号 | 植物名称 | 学名 | 种类 | 科名 | 生态习性 | 观赏特性及园林用途 | 适用地区 |
|---|---|---|---|---|---|---|---|
| 248 | 紫茉莉 | *Mirabilis jalapa* L. | 一、二年生花卉 | 紫茉莉科 | 喜温暖向阳，不耐寒，不耐阴，直根性 | 花色丰富，芳香，夏至秋；林缘草坪边，庭院 | 全国各地 |
| 249 | 翠菊 | *Callistephus chinensis* (L.) Nees | 一、二年生花卉 | 菊科 | 喜向阳环境，喜肥沃、排水良好的土壤。耐寒性不强 | 花色繁多，有白、粉、红、紫、蓝，花期5～6月 | 东北、华北、华东、西南 |
| 250 | 大花牵牛 | *Pharbitis nil* (L.) Choisy | 一、二年生花卉 | 旋花科 | 阳性，喜温暖向阳，不耐寒，较耐旱，直根蔓性 | 花色丰富，6～10月，棚架，篱垣，盆栽 | 全国各地 |
| 251 | 凤尾鸡冠 | *Celosia cristata* cv. Pyramidalis | 一、二年生花卉 | 苋科 | 阳性，喜干热，不耐寒，宜肥忌涝 | 花色多，8～11月；宜花坛，盆栽，干花 | 全国各地 |

续表

| 序号 | 植物名称 | 学名 | 种类 | 科名 | 生态习性 | 观赏特性及园林用途 | 适用地区 |
|---|---|---|---|---|---|---|---|
| 252 | 凤仙花 | *Impatiens balsamina* L. | 一、二年生花卉 | 凤仙花科 | 阳性，喜暖畏寒，宜疏松肥沃土壤 | 花色多，6～9月，宜花坛，花篱，盆栽 | 全国各地 |
| 253 | 瓜叶葵 | *Helianthus debilis* Nutt. subsp. *Cucumerifolius* (Torr. et A. Gray) Heiser | 一、二年生花卉 | 菊科 | 喜光不耐阴；喜温暖不耐寒；喜肥沃深厚土壤 | 花有栗红色，黄色，棕红紫红，花期7～9月，花镜丛植 | 南方等地 |
| 254 | 含羞草 | *Mimosa pudica* L. | 一、二年生花卉 | 豆科 | 喜阳光，不耐寒。对土壤适应性强，尤喜湿润肥沃土壤 | 花紫红色，花期7～9月，观赏植物 | 全国各地 |
| 255 | 黄蜀葵 | *Abelmoschus manihot* (L.) Medic. | 一、二年生花卉 | 锦葵科 | 喜光不耐阴，不耐寒。适应性强，不择土壤 | 花期1天，花坛背景材料 | 除东北、西北外各地均有种植 |

续表

| 序号 | 植物名称 | 学名 | 种类 | 科名 | 生态习性 | 观赏特性及园林用途 | 适用地区 |
|---|---|---|---|---|---|---|---|
| 256 | 鸡冠花 | *Celosia cristata* L. | 一、二年生花卉 | 苋科 | 阳性，喜干热，不耐寒，宜肥忌涝 | 花色多，8～10月；宜花坛，盆栽，干花 | 全国各地 |
| 257 | 金莲花 | *Tropaeolum majus* L. | 一、二年生花卉 | 金莲花科 | 喜温暖湿润和充足阳光，不耐寒，要求排水良好的土壤 | 花色白、黄、橙红、大红、深红，2～4月，盆栽花坛 | 内蒙古常见 |
| 258 | 茑萝 | *Quamoclit pennata* (Desr.) Bojer | 一、二年生花卉 | 旋花科 | 喜温暖、向阳环境，不耐霜冻，耐干旱 | 花冠高脚碟状，深红色，棚架绿化、盆栽 | 全国各地 |
| 259 | 千日红 | *Gomphrena globosa* L. | 一、二年生花卉 | 苋科 | 阳性，喜干热，不耐寒 | 花色多，6～10月；宜花坛，盆栽，干花 | 全国各地 |

续表

| 序号 | 植物名称 | 学名 | 种类 | 科名 | 生态习性 | 观赏特性及园林用途 | 适用地区 |
|---|---|---|---|---|---|---|---|
| 260 | 瓜叶菊 | *Senecio* × *hybridus* (Willd.) Regel | 一、二年生花卉 | 菊科 | 喜光，喜凉爽，怕炎热，忌水湿也不耐干旱，不耐霜冻，需冷室越冬 | 花有白、桃红、紫、雪青、兰色，花期3～4月，盆栽 | 温室盆花 |
| 261 | 万寿菊 | *Tagetes erecta* L. | 一、二年生花卉 | 菊科 | 喜温暖阳光充足的环境，耐干旱，在酷暑下生长不良，不能结子，不择土 | 花淡黄或橙黄，花期6～11月，花坛、花镜、盆栽 | 全国各地北方常见 |
| 262 | 羽衣甘蓝 | *Brassica oleracea* L. cv. Tricolor | 一、二年生花卉 | 十字花科 | 喜阳光充足，肥沃土壤，耐寒性强 | 叶色丰富有红紫色和白绿色，花黄色，冬季花坛材料 | 分布在一些大中城市，北方常见 |

续表

| 序号 | 植物名称 | 学名 | 种类 | 科名 | 生态习性 | 观赏特性及园林用途 | 适用地区 |
|---|---|---|---|---|---|---|---|
| 263 | 荷包花 | *Calceolaria crenatiflora* Cav. | 一、二年生花卉 | 玄参科 | 喜光，喜湿润，不耐寒也不耐热，喜肥，忌土壤过湿，忌钙质土 | 花有黄色、橙黄、猩红，花期2～5月，盆栽观花 | 温室栽培 |
| 264 | 大花三色堇 | *Viola* × *wittrockiana* Gams | 一、二年生花卉 | 堇菜科 | 稍耐半荫，耐寒，喜凉爽 | 花色丰富艳丽，3～5月；花坛，花径，镶边 | 全国各地 |
| 265 | 福禄考 | *Phlox drummondii* Hook. | 一、二年生花卉 | 花/科 | 阳性，喜凉爽，耐寒力弱，忌碱涝 | 花色繁多，5～7月；宜花坛，岩石园，镶边 | 温室栽培 |
| 266 | 三色松叶菊 | *Dorotheanthus gramineus* (Haw.) Schwant. | 一、二年生花卉 | 番杏科 | 喜阳光充足温暖环境，忌炎热及霜冻 | 花玫瑰红或白色，花期3～5月，盆栽或花坛 | 温室栽培 |

续表

| 序号 | 植物名称 | 学名 | 种类 | 科名 | 生态习性 | 观赏特性及园林用途 | 适用地区 |
| --- | --- | --- | --- | --- | --- | --- | --- |
| 267 | 三月花葵 | *Lavatera trimestris* L. | 一、二年生花卉 | 锦葵科 | 喜排水良好的土壤，稍能耐寒，上海地区需保护越冬 | 花玫瑰红或红色，花坛、花镜、盆栽 | 南方 |
| 268 | 石竹 | *Dianthus chinensis* L. | 一、二年生花卉 | 石竹科 | 耐寒，不耐酷热，喜向阳环境 | 花有红、粉红、紫色、白色，花期 4～5 月，花坛、花镜 | 东北、华北、西北和长江流域 |
| 269 | 蜀葵 | *Althaea rosea* （L.）Cav. | 一、二年生花卉 | 锦葵科 | 喜光耐半荫，耐寒。喜肥沃、深厚土壤。能自行繁衍 | 花有白、淡黄粉红，橙黄、深红、紫，花期 5 月，花坛 | 全国各地 |

续表

| 序号 | 植物名称 | 学名 | 种类 | 科名 | 生态习性 | 观赏特性及园林用途 | 适用地区 |
|---|---|---|---|---|---|---|---|
| 270 | 金鱼草 | *Antirrhinum majus* L. | 一、二年生花卉 | 玄参科 | 喜光耐半阴，耐寒，不耐酷热；喜疏松肥沃排水良好的土壤，稍耐石灰质 | 花色白、黄，红、紫及间色，5～6月，花坛、花镜 | 全国各地南方常见 |
| 271 | 吊兰 | *Chlorophytum comosum* （Thunb.） Jacques | 宿根花卉 | 百合科 | 喜温暖，要求疏松肥沃的沙质壤土，忌直射日光，宜半阴，不耐霜冻 | 白边吊兰、金心吊兰，观叶盆栽 | 全国各地 |
| 272 | 狗牙根 | *Cynodon dactylon* （L.） Pers. | 宿根花卉 | 禾本科 | 暖地性草种，喜光亦耐半阴。耐寒，也耐湿，适应性强，能生长于各种类型的土壤中 | 叶片线形，花有灰绿色、淡紫色，花期5～10月，开放性草坪铺设 | 黄河流域以南地区 |

续表

| 序号 | 植物名称 | 学名 | 种类 | 科名 | 生态习性 | 观赏特性及园林用途 | 适用地区 |
| --- | --- | --- | --- | --- | --- | --- | --- |
| 273 | 合果芋 | *Syngonium podophuyllum* Schott | 宿根花卉 | 天南星科 | 喜高温、高湿、半阴的环境。要求肥沃、疏松、排水良好的微酸性土壤 | 盆栽作图腾柱植物 | 温室栽培 |
| 274 | 蝴蝶兰 | *Phalaenopsis amabilis*（L.）Blume | 宿根花卉 | 兰科 | 喜高温、阴湿、通风环境。喜疏松、排水良好、富含腐殖质的基质，不耐寒 | 叶广披针形，花白色，花期春夏，温室盆花 | 温室栽培 |
| 275 | 虎头兰 | *Cymbidium hookerianum* Rchb. f. | 宿根花卉 | 兰科 | 不耐寒，喜温暖湿润、光照较充足环境 | 花大，浅黄绿色有桂花香气，花期 11～4 月，盆栽观赏 | 我国西南地区 |

续表

| 序号 | 植物名称 | 学名 | 种类 | 科名 | 生态习性 | 观赏特性及园林用途 | 适用地区 |
|---|---|---|---|---|---|---|---|
| 276 | 桔梗 | *Platycodon grandiflorus* (Jacq.) A. DC. | 宿根花卉 | 桔梗科 | 耐寒，喜湿润、向阳环境，宜肥沃、排水良好的土壤 | 叶卵形，花冠蓝紫色，5～9月，花坛、花镜 | 东北、华北、华南、西南 |
| 277 | 聚合草 | *Symphytum officinale* L. | 宿根花卉 | 紫草科 | 喜光耐半阴，耐旱，耐寒 | 叶卵形，花小白淡黄至紫红4～5月，成片栽种作地被 | 江苏、福建、湖北、四川多见 |
| 278 | 芦苇 | *Phragmites audtralis* (Cav.) Trin. ex Steud. -P. communis Trin. | 宿根花卉 | 禾本科 | 多年生草本植物 | | 东北、华北、西北多见 |
| 279 | 石菖蒲 | *Acorus tatarinowii* Schott | 宿根花卉 | 天南星科 | | 花白色，浆果黄绿色，芳香 | 长江流域多见 |

续表

| 序号 | 植物名称 | 学名 | 种类 | 科名 | 生态习性 | 观赏特性及园林用途 | 适用地区 |
|---|---|---|---|---|---|---|---|
| 280 | 天门冬 | *Asparagus cochinchinensis* (Lour.) Merr. -A. lucidus Lindl. | 宿根花卉 | 百合科 | 多年生攀缘草本植物，喜温暖潮湿环境，生于阴湿的山野林边、草丛。较耐寒 | 夏季开黄白色花，浆果熟时红色，观叶 | 华南、西南、华中和河北、山西、陕西甘肃 |
| 281 | 万年青 | *Rohdea japonica* (Thunb.) Roth | 宿根花卉 | 百合科 | 喜半阴，畏强光、暴晒，怕涝 | 花白色、淡绿色，浆果红色，花期5～6月，观赏 | 山东、江苏、安徽、浙江、江西、两湖、广西、四川 |
| 282 | 萱草 | *Hemerocallis fulva* (L.) L. | 宿根花卉 | 百合科 | 耐寒，可露地越冬。适应性强，喜光，亦耐半阴，耐干旱 | 花冠橘黄、橘红色，芳香，花期6～7月，花坛、花镜、疏林中丛植、行植或片植 | 我国普遍栽培 |

续表

| 序号 | 植物名称 | 学名 | 种类 | 科名 | 生态习性 | 观赏特性及园林用途 | 适用地区 |
|---|---|---|---|---|---|---|---|
| 283 | 银苞芋 | *Spathiphyllum floribundum* (Linden et Andre) N. E. Br. | 宿根花卉 | 天南星科 | 喜温暖、湿润的环境，不耐寒。耐阴，在弱光条件下也能生长良好。要求肥沃、疏松、排水良好的土壤 | 作小型室内盆栽 | 南方地区 |
| 284 | 玉蝉花 | *Iris ensata* Thunb. | 宿根花卉 | 鸢尾科 | 耐热，喜光，耐寒性较强，北方需加保护越冬。喜微酸湿润壤土 | 花色有白、淡红淡蓝、复色等，丛植，水边植物 | 南方地区 |
| 285 | 玉簪 | *Hosta plantaginea* (Lam.) Aschers. | 宿根花卉 | 百合科 | 性强健，耐寒冷，喜阴湿，畏强光直射，耐酷暑 | 花白色芳香，观叶植物，盆栽观叶观花，7～9月 | 我国 |

续表

| 序号 | 植物名称 | 学名 | 种类 | 科名 | 生态习性 | 观赏特性及园林用途 | 适用地区 |
|---|---|---|---|---|---|---|---|
| 286 | 朝天椒 | *Capsicum annuum* L. cv. Fasciculatum | 宿根花卉 | 茄科 | 喜光照充足、温热干燥的环境和肥沃湿润的土壤,不耐寒 | 叶卵状披针形,花纯白至暗白,盆栽观果,花坛 | 全国,北方多见 |
| 287 | 赤胫散 | *Polygonum runcinatum* Buch.-Ham. ex D. Don var. *Sinense* Hemsl.. | 宿根花卉 | 蓼科 | 喜光但耐阴,耐瘠薄 | 叶卵形,叶色多变,花白色或淡红色 | 华中、西南,江浙、广西 |
| 288 | 大丽花 | *Dahlia pinnata* Cav. | 宿根花卉 | 菊科 | 喜光,喜疏松排水良好的砂质壤土。怕积水,不耐寒,忌酷暑 | 叶对生,花色有白、黄、橙、红、紫,花期6~10月 | 辽宁、吉林生长良好 |

续表

| 序号 | 植物名称 | 学名 | 种类 | 科名 | 生态习性 | 观赏特性及园林用途 | 适用地区 |
|---|---|---|---|---|---|---|---|
| 289 | 花叶芋 | *Caladium bicolor* (Ait.) Vent. | 宿根花卉 | 天南星科 | 喜高温、高湿、半阴的环境，不耐寒，要求肥沃、疏松、排水良好和富含有机质的土壤 | 叶上面绿色具白色、玫瑰红、大红色斑点，观叶植物，花坛 | 全国各地，南方常见 |
| 290 | 花烛 | *Anthurium* × *roseum* Hort. Makoy ex Coson cv. Roseum | 宿根花卉 | 天南星科 | 喜高温、高湿和蔽阴的环境，忌强烈阳光直射。要求肥沃、疏松、排水良好和富含有机质的土壤 | 花广心形，色有红、橙黄、粉红、白，全年开花不断，大盆栽观赏 | 全国各地，南方多见 |

续表

| 序号 | 植物名称 | 学名 | 种类 | 科名 | 生态习性 | 观赏特性及园林用途 | 适用地区 |
|---|---|---|---|---|---|---|---|
| 291 | 火鹤花 | *Anthurium scherzerianum* Schott | 宿根花卉 | 天南星科 | 喜高温、湿润及蔽阴的环境，不耐寒。要求肥沃、疏松、排水良好和富含有机质的培养土 | 花序红色，温度适合常年开花，盆栽 | 全国各地 |
| 292 | 阔叶沿阶草 | *Ophiopogon jaburan* (Kunth) Lodd. | 宿根花卉 | 百合科 | 喜阴湿，不耐涝，宜肥沃排水良好砂壤土 | 叶线形，花淡紫也有白色，浆果球形碧绿，地被 | 华东、中、南、西南，陕西、河北 |
| 293 | 麦冬 | *Liriope spicata* | 宿根花卉 | 百合科 | 喜半阴地，怕阳光直射，较喜肥，也耐寒 | 叶丛生花白色果碧绿色，5～8月，地被植物 | 华东、中、南，陕西、河北、甘肃 |

续表

| 序号 | 植物名称 | 学名 | 种类 | 科名 | 生态习性 | 观赏特性及园林用途 | 适用地区 |
|---|---|---|---|---|---|---|---|
| 294 | 美人蕉 | *Canna. indica* L. | 宿根花卉 | 美人焦科 | 喜高温，怕强风、霜冻，也耐湿 | 茎叶绿色，花鲜红色橙红色，6～9 月，花镜、丛植 | 南、北各地 |
| 295 | 土麦冬 | *Liriops spicata*(Thunb.) Lour. | 宿根花卉 | 百合科 | 喜温暖湿润，宜生长于肥沃、排水良好和微碱性的沙质壤土上。抗寒、抗暑性均好 | 花直立淡紫色，果黑色，道路、花坛的镶边材料，地被 | 华中、华北、华东、华南及陕西四川贵州 |
| 296 | 晚香玉 | *Polianthes tuberosa* L. | 宿根花卉 | 龙舌兰科 | 喜光，喜温暖。在上海栽培，因冬季寒冷，块茎休眠，可露天加覆盖物越冬。不择土壤，喜肥，耐盐碱 | 花色白，芳香，花镜及灌木丛旁 | 全国各地 |

续表

| 序号 | 植物名称 | 学名 | 种类 | 科名 | 生态习性 | 观赏特性及园林用途 | 适用地区 |
|---|---|---|---|---|---|---|---|
| 297 | 竹芋 | *Maranta arundinacea* L. | 宿根花卉 | 竹芋科 | 喜温暖、湿润和半阴的环境，要求排水良好的土壤 | 花白色，果褐色，室内观叶植物 | 温室栽培 |
| 298 | 建兰 | *Cymbidium ensifolium*（L.）Sw. | 宿根花卉 | 兰科 | 喜温暖湿润通风环境，喜疏松肥沃酸性土壤 | 名贵花种，浅黄绿色，香浓，7～10月，盆栽观赏 | 浙江以南，福建、广东广西 |
| 299 | 竹节海棠 | *Begonia maculata* Raddi | 宿根花卉 | 秋海棠科 | 喜温暖湿润半阴的环境，忌干燥和土壤水湿 | 叶暗绿色，花红色，4～6月及8～10月，盆栽观赏 | 温室栽培 |

续表

| 序号 | 植物名称 | 学名 | 种类 | 科名 | 生态习性 | 观赏特性及园林用途 | 适用地区 |
|---|---|---|---|---|---|---|---|
| 300 | 松鼠尾 | *Sedum morganianum* Walth. | 宿根花卉 | 景天科 | 喜光照充足、温暖、通风良好的环境。畏炎热,耐干旱,怕寒冷。宜排水良好的沙质壤土 | 叶黄绿色,花小,玫瑰红,盆栽观赏 | 南方 |
| 301 | 银边草 | *Arrhenatherum elatius* (L.) Beauv. ex J. et C. Presl cv. Variegatum | 宿根花卉 | 禾本科 | 耐寒、耐肥,稍耐阴,适应性强,对土壤要求不严。夏季停止生长,在上海不见轴穗结籽 | 绿地树坛内的地被植物,或花坛镶边材料 | 南方 |

续表

| 序号 | 植物名称 | 学名 | 种类 | 科名 | 生态习性 | 观赏特性及园林用途 | 适用地区 |
|---|---|---|---|---|---|---|---|
| 302 | 荷兰菊 | *Aster novi-belgii* L. | 宿根花卉 | 菊科 | 耐寒，喜阳光充足，要求湿润、肥沃、排水良好的沙质壤土 | 花蓝紫色，有白、桃红，花坛、花镜 | 全国各地 |
| 303 | 鹤望兰 | *Strelitzia reginae* Banks ex Dryander | 宿根花卉 | 芭蕉科 | 喜温暖湿润。喜光，耐旱，忌潮湿，要求土壤疏松、肥沃 | 花大，花期夏秋，盆栽观赏 | 南方 |
| 304 | 四季海棠 | *Begonia* X *semper-florens-cultorum* Hort. | 宿根花卉 | 秋海棠科 | 喜温暖、湿润和半阴的条件，忌土壤水湿。 | 花有红、粉红、白，四季开花，盆栽观赏，花坛 | 温室栽培 |

续表

| 序号 | 植物名称 | 学名 | 种类 | 科名 | 生态习性 | 观赏特性及园林用途 | 适用地区 |
|---|---|---|---|---|---|---|---|
| 305 | 天竺葵 | *pelargonium* × *hortorum* L. H. Bailey | 宿根花卉 | 牻牛儿苗科 | 喜温暖湿润和充足阳光，忌水湿及高温，耐轻霜 | 花有白、粉红、玫瑰红、大红、紫色，花期4～5月，花坛 | 温室栽培 |
| 306 | 香叶天竺葵 | *Pelargonium graveolens* L'Her. ex Ait. | 宿根花卉 | 牻牛儿苗科 | 喜光，喜温暖，忌霜冻，夏季忌炎热 | 叶有香味，花形小粉红色，花期3～4月，盆栽观叶 | 温室盆栽 |
| 307 | 鸢尾 | *Iris tectorum* Maxim. | 宿根花卉 | 鸢尾科 | 耐寒喜向阳，忌积涝，喜腐殖质丰富土壤 | 花被雪青色或蓝紫色，4～6月，丛植或花镜 | 全国各地 |
| 308 | 菊花 | *Dendranthema* × *morifolium*（Ramat.）Tzvel. | 宿根花卉 | 菊科 | 耐寒，忌积涝。喜光 | 花色丰富，花坛、花镜、盆花，花期各异 | 全国各地 |

续表

| 序号 | 植物名称 | 学名 | 种类 | 科名 | 生态习性 | 观赏特性及园林用途 | 适用地区 |
| --- | --- | --- | --- | --- | --- | --- | --- |
| 309 | 报春花 | *Primula malacoides* Franch. | 宿根花卉 | 报春花科 | 喜冬季温和湿润、夏季凉爽环境，喜疏松肥沃酸性土壤。凉室（不加温）栽培 | 叶卵形，花深红、浅红或白色，有香气 | 西南部 |
| 310 | 雏菊 | *Bellis perennis* L. | 宿根花卉 | 菊科 | 喜肥沃、湿润而排水良好的土壤，耐寒不耐酷热 | 丛株具莲座叶丛，花为白、桃红、大红 | 全国各地、北方多见 |
| 311 | 红花酢浆草 | *Oxalis rubra* St.-Hil. | 宿根花卉 | 酢浆草科 | 喜荫蔽、湿润环境，盛夏季节生长缓慢。耐寒性不强 | 花伞形，淡红和深桃红，花期4～11月，地被用，花坛 | 全国各地 |

续表

| 序号 | 植物名称 | 学名 | 种类 | 科名 | 生态习性 | 观赏特性及园林用途 | 适用地区 |
|---|---|---|---|---|---|---|---|
| 312 | 马蹄莲 | *Zantedeschia aethiopica* (L.) Spreng. | 宿根花卉 | 天南星科 | 喜温暖、湿润、稍有蔽荫的环境，不耐寒，夏季休眠。要求肥沃、疏松、排水良好土壤 | 叶箭形鲜绿色光泽，花黄色马蹄形，3～4月，盆栽观赏 | 分布在冀、陕、苏、川、闽、台、滇。多温室栽培 |
| 313 | 芍药 | *Paeonia lactiflora* Pall. | 宿根花卉 | 芍药科 | 喜阳耐寒，能露地越冬，需排水良好土壤 | 花有白、红、紫粉红、黄，花期5月，观赏花卉 | 东北、华北及陕西、四川 |
| 314 | 麝香石竹 | *Dianthus caryophyllus* L. | 宿根花卉 | 石竹科 | 多年生常绿草本植物，喜光，好温和气候，不耐炎热 | 花有白、粉红、黄、紫、间色，春秋花坛布置 | 华中、华南 |

续表

| 序号 | 植物名称 | 学名 | 种类 | 科名 | 生态习性 | 观赏特性及园林用途 | 适用地区 |
|---|---|---|---|---|---|---|---|
| 315 | 宿根亚麻 | *Linum perenne* L. | 宿根花卉 | 亚麻科 | 喜光，花在阳光下才能开足，耐寒，喜排水良好、富含腐殖质的土壤 | 花淡天蓝色，果灰褐色，花期3～5月，花坛、花境 | 东北、华北多见 |
| 316 | 鹤顶兰 | *Phaius tankervilliae* (Ait.) Blume | 宿根花卉 | 兰科 | 喜温暖阴湿环境，不耐寒，喜肥沃排水良好的酸性土 | 花大，花色变化，花期春夏，温室盆栽 | 台湾、海南 |
| 317 | 仙客来 | *Cyclamen persicum* Mill. | 球根花卉 | 报春花科 | 喜冷凉湿润气候阳光充足环境 | 花白色、粉红、玫瑰红，有香味，花期春季，盆栽观赏 | 温室栽培 |

续表

| 序号 | 植物名称 | 学名 | 种类 | 科名 | 生态习性 | 观赏特性及园林用途 | 适用地区 |
| --- | --- | --- | --- | --- | --- | --- | --- |
| 318 | 朱顶红 | *Hippeastrum vittatum*（L'Her.）Herb. | 球根花卉 | 石蒜科 | 喜温暖湿润环境，不耐寒，忌积水，喜肥 | 花有白、玫瑰红、橙红，5月，盆栽或散植于草坪边缘 | 我国各地 |
| 319 | 葱莲 | *Zephyranthes candida*（Lindl.）Herb. | 球根花卉 | 石蒜科 | 喜光，喜温暖、湿润，耐半阴，较耐寒。上海可露天栽培 | 花白色，花期7～11月，作花坛，成片种植作地被 | 全国各地，北方常见 |
| 320 | 矮小石蒜 | *Lycoris radiata*（L'Her.）Herb. var. *pumila* Grey | 球根花卉 | 石蒜科 | 喜半阴湿润，也耐阳光照射，较耐寒，不耐旱，能耐盐碱。 | 花鲜红色，散于林下、草坪一侧或布置花镜 | 秦岭以南，长江流域，西南 |

续表

| 序号 | 植物名称 | 学名 | 种类 | 科名 | 生态习性 | 观赏特性及园林用途 | 适用地区 |
|---|---|---|---|---|---|---|---|
| 321 | 君子兰 | *Clivia miniata* Regel | 球根花卉 | 石蒜科 | 喜温暖和半阴的环境，不耐寒，忌高温酷暑、强光曝晒，要求土壤通气透水 | 叶肥厚，花橙红色，浆果紫红色，1～5月，盆栽观赏 | 室内盆栽 |
| 322 | 风信子 | *Hyacinthus orientalis* L. | 球根花卉 | 百合科 | 喜光，较耐寒，宜肥沃排水良好砂壤土 | 花有红、黄、白、蓝、紫各色香气浓郁，花期3～4月 | 室内盆栽 |
| 323 | 郁金香 | *Tulipa gesneriana* L. | 球根花卉 | 百合科 | 耐寒，喜肥沃疏松排水良好砂壤土 | 花有白、黄、橙、红、紫，3～5月，丛植，早春花坛 | 华北、华中 |

## 附录二 钢材理论重量及其壁厚表（单位：重量 kg/m；壁厚 mm）

| 角钢(等边) | | | 槽钢 | | | 工字钢 | | | 金洲衬塑钢管 | | | |
|---|---|---|---|---|---|---|---|---|---|---|---|---|
| 规格 | 重量 | 壁厚 | 规格 | 重量 | 壁厚 | 规格 | 重量 | 壁厚 | 规格 | 钢管厚 | 衬塑厚 | 重量 |
| 20×3 | 0.889 | 3.0 | 5# | 5.438 | 4.5 | 10# | 11.261 | 4.5 | DN15 1/2″ | 2.75 | 1.50 | 1.462 |
| 25×3 | 1.124 | 3.0 | 6.3# | 6.634 | 4.8 | 12# | 13.987 | 5.0 | DN20 3/4″ | 2.75 | 1.50 | 1.905 |
| 30×3 | 1.373 | 3.0 | 6.5# | 6.709 | 4.8 | 12#B | 14.223 | 5.0 | DN25 1″ | 3.25 | 1.50 | 2.755 |
| 40×4 | 2.422 | 4.0 | 8# | 8.046 | 5.0 | 14# | 16.89 | 5.5 | DN32 1¼″ | 3.25 | 1.50 | 3.844 |
| 50×5 | 3.77 | 5.0 | 10# | 10.007 | 5.3 | 16# | 20.513 | 6.0 | DN40 1½″ | 3.50 | 1.50 | 4.427 |
| 63×6 | 5.721 | 6.0 | 12#A | 12.059 | 5.5 | 18# | 24.143 | 6.5 | DN50 2″ | 3.50 | 1.50 | 6.061 |
| 70×7 | 7.398 | 7.0 | 12#B | 12.318 | 5.5 | 20# | 27.929 | 7.0 | DN65 2½″ | 3.75 | 1.50 | 8.142 |
| 75×7 | 7.976 | 7.0 | 14# | 14.535 | 6.0 | 20#B | 36.524 | 9.0 | DN80 3″ | 4.00 | 2.00 | 9.587 |
| 75×8 | 9.03 | 8.0 | 14#B | 16.733 | 8.0 | 22# | 33.07 | 7.5 | DN100 4″ | 4.00 | 2.00 | 12.455 |
| 80×8 | 9.658 | 8.0 | 16# | 17.24 | 6.5 | 22#B | 36.527 | 9.5 | DN125 5″ | 4.50 | 2.00 | 17.176 |
| 80×10 | 11.874 | 10.0 | 16#B | 19.752 | 8.5 | 24# | 37.477 | 8.0 | DN150 6″ | 4.50 | 2.00 | 20.809 |
| 90×8 | 10.946 | 8.0 | 18# | 20.174 | 7.0 | 24#B | 41.245 | 10.0 | DN200 8″ | — | — | — |

续表

| 角钢(等边) | | | 槽钢 | | | 工字钢 | | | 金洲衬塑钢管 | | | |
|---|---|---|---|---|---|---|---|---|---|---|---|---|
| 规格 | 重量 | 壁厚 | 规格 | 重量 | 壁厚 | 规格 | 重量 | 壁厚 | 规格 | 钢管厚 | 衬塑厚 | 重量 |
| 90×10 | 13.476 | 10.0 | 18#B | 23 | 9.0 | 25# | 38.105 | 8.0 | — | — | — | — |
| 100×10 | 15.12 | 10.0 | 20# | 22.637 | 7.0 | 25#B | 42.03 | 10.0 | 热镀锌管(金洲) | | | |
| 110×10 | 16.69 | 10.0 | 20#B | 25.777 | 9.0 | 27# | 42.825 | 8.5 | 规格 | 外径 | 重量 | 壁厚 |
| 125×10 | 19.133 | 10.0 | 22# | 24.999 | 7.0 | 27#B | 47.084 | 10.5 | DN15 1/2″ | 21.3 | 1.33 | 2.75 |
| 125×12 | 22.696 | 12.0 | 22#B | 28.453 | 9.0 | 28# | 43.492 | 8.5 | DN20 3/4″ | 26.9 | 1.73 | 2.75 |
| 140×12 | 25.522 | 12.0 | 24# | 26.86 | 7.0 | 28#B | 47.888 | 10.5 | DN25 1″ | 33.7 | 2.57 | 3.25 |
| 140×14 | 29.49 | 14.0 | 24#B | 30.628 | 9.0 | 30# | 48.084 | 9.0 | DN32 1¼″ | 42.4 | 3.32 | 3.25 |
| 160×12 | 33.987 | 12.0 | 25# | 27.41 | 7.0 | 30#B | 52.794 | 11.0 | DN40 1½″ | 48.3 | 4.07 | 3.50 |
| 160×14 | 38.518 | 14.0 | 25#B | 31.335 | 9.0 | 32# | 57.741 | 11.5 | DN50 2″ | 60.3 | 5.17 | 3.50 |
| 180×16 | 43.542 | 16.0 | 27# | 35.077 | 9.5 | 32#B | 62.765 | 13.5 | DN65 2½″ | 76.1 | 7.04 | 3.75 |
| 180×18 | 48.634 | 18.0 | 27#B | 39.316 | 11.5 | 36# | 60.037 | 10.0 | DN80 3″ | 88.9 | 8.84 | 4.00 |
| 200×18 | 54.401 | 18.0 | 28# | 35.823 | 9.5 | 36#B | 65.689 | 12.0 | DN100 4″ | 114.3 | 11.5 | 4.00 |
| 200×20 | 60.056 | 20.0 | 28#B | 40.219 | 11.5 | 40# | 67.589 | 10.5 | DN125 5″ | 139.7 | 15.94 | 4.50 |
| 200×24 | 71.168 | 24.0 | 30# | 34.463 | 7.5 | 40#B | 73.87 | 12.5 | DN150 6″ | 165 | 18.88 | 4.50 |
| | | | 30#B | 39.173 | 9.5 | 50#B | 101.504 | 14.0 | DN200 8″ | — | 33.41 | — |

续表

| 圆钢 | | | 镀锌扁钢 | | | 普通碳素电线管 | | | |
|---|---|---|---|---|---|---|---|---|---|
| 规格 | 重量 | 壁厚 | 规格 | 重量 | 壁厚 | 规格 | 重量 | 外径 | 壁厚 |
| 8mm | 0.395 | — | 16×2 | 0.25 | 2 | 16 | 0.581 | 15.88 | 1.6 |
| 10mm | 0.617 | — | 20×3 | 0.47 | 3 | 19 | 0.766 | 19.05 | 1.8 |
| 12mm | 0.888 | — | 25×3 | 0.59 | 3 | 25 | 1.048 | 25.4 | 1.8 |
| 14mm | 1.210 | — | 30×3 | 0.71 | 3 | 32 | 1.329 | 21.75 | 1.8 |
| 16mm | 1.580 | — | 40×4 | 1.26 | 4 | 38 | 1.611 | 38.1 | 1.8 |
| 18mm | 2.000 | — | 50×5 | 1.96 | 5 | 51 | 2.407 | 50.8 | 2.0 |
| 20mm | 2.470 | — | 60×6 | 2.83 | 6 | 64 | 3.76 | 63.5 | 2.5 |
| 22mm | 2.980 | — | 70×7 | 3.85 | 7 | 76 | 5.761 | 76.2 | 3.2 |
| 24mm | 3.550 | — | 80×8 | 5.02 | 8 | — | — | — | — |
| 25mm | 3.850 | — | 90×9 | 6.36 | 9 | — | — | — | — |
| 28mm | 4.830 | — | 100×10 | 7.85 | 10 | — | — | — | — |
| 30mm | 5.550 | — | 100×8 | 6.28 | 8 | — | — | — | — |

续表

| 圆钢 | | | 镀锌扁钢 | | | 普通碳素电线管 | | | |
|---|---|---|---|---|---|---|---|---|---|
| 规格 | 重量 | 壁厚 | 规格 | 重量 | 壁厚 | 规格 | 重量 | 外径 | 壁厚 |
| 32mm | 6.310 | — | 花纹板(kg/m$^2$) | | | — | — | — | — |
| 35mm | 7.550 | — | 规格 | 重量 | 壁厚 | 焊管(无缝管) | | | |
| 38mm | 8.900 | — | 3mm | 26.6 | 3 | 规格 | 重量 | 外径 | 壁厚 |
| 40mm | 9.870 | — | 4mm | 34.4 | 4 | DN15 1/2″ | 1.26 | 21.3 | 2.75 |
| 42mm | 10.870 | — | 5mm | 42.3 | 5 | DN20 3/4″ | 1.63 | 26.9 | 2.75 |
| 45mm | 12.430 | — | 6mm | 50.1 | 6 | DN25 1″ | 2.42 | 33.7 | 3.25 |
| 50mm | 15.420 | — | 8mm | 65.8 | 8 | DN32 11/4″ | 3.13 | 42.4 | 3.25 |
| 55mm | 18.600 | — | 钢板(kg/m$^2$) | | | DN40 11/2″ | 3.84 | 48.3 | 3.50 |
| 60mm | 22.200 | — | 1mm | 7.85 | 1 | DN50 2″ | 4.88 | 60.3 | 3.50 |
| 65mm | 26.000 | — | 1.2mm | 9.42 | 1.2 | DN65 21/2″ | 6.64 | 76.1 | 3.75 |
| 70mm | 30.200 | — | 1.5mm | 11.775 | 1.5 | DN80 3″ | 8.34 | 88.9 | 4.00 |
| 75mm | 34.700 | — | 1.8mm | 4.36 | 1.8 | DN100 4″ | 10.85 | 114.3 | 4.00 |

续表

| 圆钢 | | | 镀锌扁钢 | | | 普通碳素电线管 | | | |
|---|---|---|---|---|---|---|---|---|---|
| 规格 | 重量 | 壁厚 | 规格 | 重量 | 壁厚 | 规格 | 重量 | 外径 | 壁厚 |
| 80mm | 39.500 | — | 2.0mm | 15.7 | 2 | DN125 5″ | 15.04 | 139.7 | 4.50 |
| 85mm | 44.580 | — | 2.5mm | 19.63 | 2.5 | DN150 6″ | 17.81 | 165 | 4.50 |
| 90mm | 49.900 | — | 3.0mm | 23.55 | 3 | DN200 8″ | 31.52 | 219.1 | — |

镀锌管每米重量计算公式：(外径－壁厚) ×壁厚×0.02466×1.06＝每米重量。

无缝钢管计算公式为：(外径－壁厚)×壁厚×0.02466＝每米重量　例如：$\phi$159×5 无缝钢管每米重量计算为：[159－5]×5×0.02466＝18.988kg/m。

螺旋焊管计算方法与无缝钢管相同（适用于焊接钢管）。螺旋焊管每米另加 0.5kg。

钢板重量计算方法为：长×宽×厚×7.85　例如：一块 8.5m 长 1.8m 宽 12mm 厚的钢板重量为：[8.5×1.8×12×7.85＝1441.26kg]　扁钢的重量计算与钢板相同。

圆钢、螺纹钢每米重量计算方法为：直径×直径×0.00617　例如：计算 $\phi$85mm 圆钢及 $\phi$18mm 螺纹钢每米重量分别为：[85×85×0.00617＝44.578kg/m]　[18×18×0.00617＝2kg/m]。

不锈钢比重为：7.93（201，202，301，302，304，304L，305，321），铝的比重为：2.70。

# 参考文献

[1] 建设部住宅产业化促进中心. 居住区环境景观设计导则. 北京：中国建筑工业出版社，2009.

[2] 中华人民共和国建设部. 城市居住区规划设计规范 GB 50180—93（2002 年版）. 北京：中国建筑工业出版社，2002.

[3] 中华人民共和国建设部. 公园设计规范 CJJ 48—92. 北京：中国建筑工业出版社，1992.

[4] 中华人民共和国建设部. 城市道路绿化规划设计规范 CJJ 75—97. 北京：中国建筑工业出版社，1997.

[5] 中华人民共和国建设部. 城市绿化工程施工及验收规范 CJJ/T 82—99. 北京：中国建筑工业出版社，1999.

[6] 中华人民共和国建设部. 种植屋面工程技术规范 JGJ 155—2007. 北京：中国建筑工业出版社，2007.

[7] 中华人民共和国建设部. 建设工程工程量清单计价规范 GB 50500—2008. 北京：中国建筑工业出版社，2008.